舰炮保障性试验与评价

主　编　黄士亮

副主编　齐亚峰

编著者　（按姓氏笔画排序）

田福庆　史　强　齐亚峰

李本任　李志刚　吴军波

张振东　秦东兴　黄士亮

蔡永涛

国防工業出版社

·北京·

内容简介

本书在简要介绍保障性及保障性试验的概念、发展及保障性试验目的、类型、试验时机及试验管理、舰炮保障性度量等内容的基础上，详细介绍了舰炮可靠性试验、维修性试验、测试性试验、安全性试验、保障资源试验等舰炮保障性设计特性和保障资源试验方案、试验方法及评价方法；从舰炮战备完好性评估、舰炮效能分析评估、舰炮寿命周期费用分析评估、舰炮费用－效能分析评估等四个方面介绍了舰炮保障性综合评估方法。

本书可供从事舰炮论证、研制、试验、教学等工作的人员使用，也可供相关专业高校学生使用。

图书在版编目(CIP)数据

舰炮保障性试验与评价/黄士亮主编.—北京：国防工业出版社，2014.5

ISBN 978-7-118-09389-6

Ⅰ.①舰…　Ⅱ.①黄…　Ⅲ.①舰炮-武器试验②舰炮-评价　Ⅳ.①TJ391

中国版本图书馆 CIP 数据核字(2014)第075548号

※

国防工业出版社出版发行

(北京市海淀区紫竹院南路23号　邮政编码100048)

北京奥鑫印刷厂印刷

新华书店经售

*

开本 787×1092　1/16　印张 11¾　字数 261 千字

2014年5月第1版第1次印刷　印数 1—1500 册　定价 36.00 元

国防书店：(010)88540777　　发行邮购：(010)88540776

发行传真：(010)88540755　　发行业务：(010)88540717

序　言

装备的保障性是装备快速形成并保持战斗力的重要因素。世界先进国家早在20世纪60年代就开始重视并系统地研究装备保障性问题,已经形成了完备的规范和体系。国内装备保障性研究工作虽起步较晚,但已日益得到高度重视,并在保障性理论研究和工程实践方面不断走向深入。

装备保障性反映了装备的保障性设计和保障资源计划满足平时战备和战时使用要求的能力,它直接影响装备执行任务的能力。装备保障性要求在论证时提出,在研制中赋予,在试验中验证,在使用中评价。保障性试验与评价是装备研制的重要程序,是验证装备保障性的重要步骤,是查找装备保障性薄弱环节、完善保障性的必要工作。

作战的需求赋予新型舰炮多样化的使命任务;大量新技术的应用,极大地提高了新型舰炮的性能。同时,舰炮结构复杂,是集机、电、液、光等多学科技术于一体的综合体,装备保障难度增大,迫切需要从理论和工程技术角度来指导解决验收与评价工作中所面临的问题。

本书在系统梳理保障性要求的基础上,对舰炮保障性试验理论和方法进行论述。从试验条件、保障性要求到统计验证方案及评价方法;从保障设计特性、保障资源到舰炮保障性综合评估,内容系统、详实、全面、可操作性强。多年来我们在装备保障性试验实践方面缺少系统的理论指导,本书的编写必将加强保障性试验理论的创新和发展,促进舰炮武器保障性工作的扎实开展。

作者长期从事舰炮试验与鉴定工作,在实践中积累了较丰富的经验。本书是作者在舰炮保障性试验与评价理论方面积极探索和总结的结晶,希望会对读者有所帮助。

装备保障性工作在型号研制中已经起步,但各行业发展不平衡,管理体制还需完善。加强保障性试验理论研究,必将促进装备研制过程中保障性工作的扎实开展,进而有利于装备保障性试验理论研究和实践。因此,希望装备管理部门、论证单位、研制单位与试验鉴定单位共同协作,加强沟通,勇于创新,积极探索,为部队提供顶用、适用、好用的武器装备。

前　言

随着军事装备高科技的发展，新型舰炮武器的技术含量越来越高，体系结构越来越复杂，呈现出信息化、模块化、智能化的发展趋势，新型舰炮不仅具有打击海上、岸上目标的能力，还担负着近程防御的使命任务，因此，新型舰炮具有射速快、精度高、射程远的特点。舰炮性能的提高和结构的复杂以及使命任务的多样性，对舰炮保障提出了较高的要求，如何加强对新型舰炮进行保障性的综合试验与评价，保证装备在具有高性能的同时，又易于部队使用过程中的保障，降低寿命周期费用，在服役期间充分发挥装备的作战效能，是试验鉴定阶段担负的重要职责和任务。深入研究舰炮保障性试验理论和方法是一项基础工作，是完成好新型舰炮保障性试验与评价的理论支撑。

目前，舰炮保障性工作还处于起步阶段，作者从行业发展需求出发，率先研究了舰炮保障性试验与评价理论，这部专著的出版必将促进新型舰炮保障性工作的扎实发展，进一步完善和规范舰炮保障性试验与评价内容，对加强舰炮保障性试验与评价理论的创新及促进战斗力的生成具有重要意义。

全书共分七章，第一章舰炮保障性试验与评价概述，介绍了舰炮保障性发展，试验与评价的目的、类型、内容、时机、管理及舰炮保障性的度量；第二章舰炮可靠性试验与评价，介绍了舰炮可靠性鉴定试验方案、验收试验方案及评价方法；第三章舰炮维修性试验与评价，介绍了舰炮维修性试验与评估程序、试验准备内容、试验计划制定、人员培训、试验方案和实施方法；第四章舰炮测试性试验与评价，介绍了舰炮测试性统计验证试验方案及测试性评价；第五章舰炮安全性试验与评价，介绍了安全性、生存性、人素工程等试验与评价内容；第六章舰炮保障资源试验与评价，介绍了人力和人员、供应保障、保障设备、训练保障、技术资料、计算机资源等保障资源试验与评价的内容；第七章舰炮保障性综合评估，介绍了舰炮使用性、战备完好性等舰炮保障性综合指标的评估方法。全书从舰炮保障性发展、指标体系的建立出发，全面论述了舰炮保障性设计特性和保障资源的试验理论和方法，内容全面、详实，具有可操作性，对舰炮保障性试验鉴定具有很强指导作用，对其他装备保障性试验与评价具有重要参考价值。

第一、二、六章由黄士亮、张振东、秦东兴编写，第三章由李志刚、李本任编写，第四章由齐亚峰、吴军波编写,第五章由史强、蔡永涛编写,第七章由黄士亮、田福庆编写,全书由黄士亮统稿。孙朝江、郑文荣同志对全书进行了校对。

邱志明同志为本书作序,给予了很多期望。汪德虎教授对全书进行了审阅,提出了宝贵的意见。本书在编写过程中参考了很多专家、教授的著作、文献,在此表示忠心感谢。

由于作者学识有限和时间仓促,书中难免有疏漏和不妥之处,恳请广大同行、读者及时给予指正。

作者

目　录

第一章　舰炮保障性试验与评价概述

保障性试验与评价是一门新兴学科，在各类装备中都有不同程度的应用。随着高新技术在新型舰炮武器中的广泛应用，舰炮复杂程度不断提高，舰炮保障性成为直接影响舰炮武器战斗力生成的重要因素，因此必须运用装备保障性系统工程的理论、方法和技术提高舰炮武器保障性。同时保障性的优劣需要验证，如何检验舰炮保障设计特性和规划的保障资源是否满足部队平时战备和战时使用要求，查找薄弱环节，采取纠正措施，是舰炮保障性试验与评价研究的主要任务。本书主要介绍舰炮定型阶段的保障性试验与评价的理论和方法。

第一节　舰炮概述

19 世纪以前舰炮作为独立作战单元，是海上作战的主要武器之一，20 世纪初舰炮成为舰炮武器系统的重要组成部分，主要承担跟踪瞄准、供弹、输弹、压弹、发射等任务。按照口径大小舰炮分为大口径舰炮(＞100mm)、中口径舰炮(100mm～60mm)、小口径舰炮(＜60mm)。按照舰炮功能可分为进攻打击型舰炮(对海对岸舰炮、空中打击舰炮)、近程防御(反导)型舰炮。

舰炮一般主要由供弹系统、发射系统、炮架、引信测合机、随动系统、舰炮监控系统、辅助系统等组成。各型舰炮在结构组成上有较大差别，特别是中大口径舰炮与小口径舰炮差别更为明显。中大口径舰炮发射系统主要由输弹机、压弹机、炮尾及炮尾上的发射部件等组成，供弹系统组成有拨盘式、链条式、链条弹鼓式等；小口径舰炮发射系统主要由进弹机、拨弹轮、压弹轮、自动机等组成，供弹系统常用的有弹链式、弹鼓式等。本节简要介绍舰炮使命任务、结构组成及特点等相关内容。

一、舰炮使命任务

舰炮口径、射程、射速、精度、可靠性是舰炮重要的战术技术性能，不同的使命任务对舰炮的战术技术指标有着不同的要求；反之，不同战术技术性的舰炮担负着不同的使命任务。根据战术技术性能舰炮的使命任务主要有：

1. 大口径舰炮的使命任务

(1) 有效打击海上各种目标，包括各型水面舰艇；

(2) 有效打击岸上目标，对抢滩登陆作战提供火力支援；

(3) 兼顾防空反导。

2. 中口径舰炮的使命任务

(1) 有效打击海上中小型水面舰艇；

(2) 有效打击岸上目标，对抢滩登陆作战提供火力支援；

(3) 有效打击来袭的固定翼飞机；

(4) 兼顾反导。

3. 小口径舰炮的使命任务(射速小于 1000 发/min，不含近程反导舰炮)

(1) 有效打击海上小型水面舰艇、漂雷及有生力量；

(2) 有效打击岸上目标及有生力量；

(3) 对抢滩登陆提供一定的火力支援。

4. 近程防御(反导)舰炮的使命任务

(1) 有效拦截反舰导弹；

(2) 有效打击海上小型水面舰艇、漂雷及有生力量；

(3) 有效打击来袭的固定翼飞机。

二、舰炮结构特点概述

1. 世界主要中大口径舰炮

1) 美国 MK45 型 127mm 舰炮

MK45 型 127mm 舰炮是美国海军大中型水面舰艇上的标准装备。研制成功的 MK45 型舰炮重量 22.5t，射速 20 发/min，配备多种弹药，作战性能有了极大提高，如高性能炮弹、增程制导炮弹、子母炮弹等。该型舰炮主要由发射系统、供弹系统、电气控制系统和液压系统组成。

(1) 发射系统。

发射系统位于甲板以上的炮塔内，用于完成炮弹的自动发射。主要由炮身、滑板构件、上部蓄压系统、制退机、复进机、摇架等部件组成。

滑板构件是完成射击的主要部件，包括炮闩、后膛机构、摇架等部件。楔式炮闩上下运动。滑板构件接收摆弹臂摆上来的炮弹，并负责输弹入膛。带液压式活塞驱动联动装置的后膛机构，为开关炮闩和抽筒提供动力。

摇架安装有发射系统的主部件，通过炮耳轴与炮架连接，负责完成高低瞄准。

(2) 供弹系统。

供弹系统负责为发射系统提供炮弹，由两部下扬弹机、弹鼓、引信测合机、上扬弹机、摆弹臂及下部蓄压系统等部分组成。

供弹系统完成将弹药从弹药库输送至炮塔内供弹位置的全过程。有一个装填弹鼓，可储存 20 发炮弹。供弹时，由弹药库的装弹手将分装式的弹丸和药筒从下扬弹机的两个装填口放入后自动上扬至弹鼓内，再由引信测合机装定引信，然后进入上扬弹机直至提升到炮塔内，转送给摆弹臂，当摆弹臂摆至与炮管平行位置时，炮弹便由输弹器推入膛内。

(3) 炮架、炮塔及转台。

炮架支承着炮耳轴上部的摇架部分(包括摇架内的炮尾、炮身，摇架上的蓄压系统、滑板系统等)和炮塔等上部主要结构，它配有炮座圆环、瞄准和射击用的动力驱动装置。

密封炮塔由玻璃纤维材料制成，具有重量轻、防水、防冻、抗高温、耐腐蚀以及抗导弹发射冲击波压力等特点。炮塔上装防护罩门、系统通风装置、液压集油箱和缓冲减震装置。

转台是整个上部结构的底座，并用作方向瞄准和安装大型瞄准齿圈的固定部件。MK45 型 127mm 舰炮没有水冷却装置，但有吹气系统，发射后开闩的瞬间将膛内的火药残渣从炮口处吹出。

(4) 控制系统。

在甲板下的舱室里装有 EP1 配电柜、EP2 火炮操纵台和 EP3 显示器。

2) 法国紧凑型 100mm 舰炮

紧凑型 100mm 舰炮由法国克勒索—洛瓦尔公司在 1978 年推出，是法国海军大中型舰艇不可缺少的武器装备，可以完成对舰作战、对空防御和对岸火力支援等多种使命任务。具有重量轻、发射率高、精度高、结构紧凑等特点，发射率达到 90 发/min，立靶精度小于 1mrad，备弹量超过 100 发，虽经多次改进，但依然存在着很多不完善的地方，比如结构复杂、可靠性不高等。

法国紧凑型 100mm 舰炮主要由发射系统(含俯仰部分)、炮塔供弹系统、扬弹机、补弹系统、炮架、防护装置、引信测合系统、瞄准传动机构、瞄准随动系统、弹药控制系统、液压系统及辅助系统等部分组成。全炮采用计算机控制，具有三型弹药识别和自动更换弹种的功能。

(1) 发射系统。

发射系统负责按照时序和发射逻辑要求，自动逐发地发射弹药。

发射系统装在炮塔内，通过耳轴装在摇架上，由炮身、炮尾(安装有炮闩、开关闩机构、击发机构)、驻退复进机、压弹机、输弹机等组成，射击过程中主要完成输弹、压弹、关闩、击发、后坐、开闩、抽筒、复进等机构动作。炮身上装有内、外冷却装置，在进行身管外冷却的同时，每发射一发炮弹后还要对内膛进行喷水气冷却和膛内残渣的清除。由于有合理的火炮冷却装置，使其身管寿命达到了 3000 发。

(2) 炮塔供弹系统。

炮塔供弹系统用于接收扬弹机的炮弹，并将炮弹输送到发射系统。

炮塔供弹系统位于炮塔内右侧，由固定弯道、中间弹仓、活动弯道、拨叉组件及供弹马达等组成。引信测合机和装弹马达装在活动弯道上，负责完成测合引信和向发射系统输弹。中间弹仓用来储存可供射击的 12 发特种弹，同时中间弹仓与固定弯道、活动弯道一起组成常规弹的过渡通道。

(3) 扬弹机及补弹系统。

扬弹机位于炮塔和补弹链之间，负责扬升补弹系统的炮弹到供弹系统，或将供弹系统的炮弹退到补弹系统，主要由扬弹机筒、扬弹链条及液压马达等组成。

补弹系统用来储存炮弹，用来为扬弹机和供弹系统提供炮弹。补弹系统位于扬弹机下面，主要由主补弹链、副补弹链、旋转拨弹鼓、补弹马达、弹种识别箱等组成。主补弹链用于储存常规炮弹，有三种规格可分别容纳 42 发、66 发、90 发。副补弹链用来储存 12 发特种弹。

(4) 瞄准随动系统。

瞄准随动系统的功能是接受指挥仪提供的瞄准指令，控制火炮完成瞄准。其由遥控机柜、瞄准维修箱、电枢箱、执行电机、分析箱等组成。

(5) 弹药自动控制系统。

弹药自动控制系统负责完成弹药的自动管理，包括炮弹装卸、弹种更换、弹种识别、射击弹数控制、固定弯道和活动弯道供弹等功能。主要由弹药管理计算机控制柜、人工装弹控制柜、舰炮主控制箱、电子设备箱等设备组成。

(6) 液压系统。

液压系统负责为装弹、供弹、扬弹、补弹提供动力，同时用来完成首发装填、击针复拨、排壳槽门打开和关闭、解航和锁航、扬弹机结合和断开等动作。其主要由液压控制箱、电机、泵、油箱、液压阀、装弹马达、供弹马达、补弹马达、油缸、行程开关等组成。

总之，法国紧凑型 100mm 舰炮结构紧凑，发射系统和供弹系统结构与控制部分复杂，维修空间小，给保障带来较大难度。但从口径、射程、精度、射速等指标看该型舰炮是世界上较为先进的舰炮。

3) 意大利 OTO76mm 舰炮

意大利 OTO76mm 舰炮由奥托—梅莱拉公司研制，适装于护卫舰以下的中小型水面舰艇，射速 100～120 发/min，主要用来打击中小型水面舰艇、岸上目标及有生力量，配备适合的弹药，具有很好的防空能力，在欧美等国海军中装备量较大。OTO76mm 舰炮主要由发射系统、供弹系统、电气系统、液压系统、防护装置(炮塔)及辅助系统组成，基本结构如下：

(1) 发射系统(俯仰部分)。

发射系统用来自动逐发地发射弹药。主要由炮身(含炮膛清洁器和冷却水套)、炮尾、盘式输弹机(含输弹器和抛壳机构)、鼓形进弹机、液压传动装置、驻退机、复进机、摇架等部件组成。

(2) 供弹系统。

供弹系统主要用来装卸炮弹、储存炮弹、为发射系统输送弹药。主要由旋转弹鼓、螺旋扬弹机、摆弹臂、液压控制系统等组成。

(3) 电气系统、液压系统、防护装置。

电气系统主要用来完成舰炮瞄准跟踪及发射控制功能，液压系统主要为供弹系统提供动力，炮塔采用玻璃纤维材料，为舰炮提供防护。

4) 俄罗斯 AK-176M 单 76mm 舰炮

俄罗斯 AK-176 M 单 76mm 舰炮(简称 AK-176)是由苏联研制的一门全自动中口径火炮，主要装备在中小型水面舰艇上。能有效打击和毁伤来袭的固定翼飞机、直升机和其他空中目标，有效打击中、小型水面舰艇，有效打击岸上或岛礁上的设施及有生力量，配备近炸引信预制破片弹，具有反导能力。具有射速高、备弹量大、精度好、可靠性高等优点。

该舰炮主要由发射系统、供弹系统、炮架、方向高低瞄准机构、电气系统、液压系统、防护装置、通风系统等组成，配备有炮位光电瞄准装置，可实现半自动瞄准射击。

该型舰炮发射系统利用后坐能进行工作，左、右两个供弹系统交替为发射系统供弹，供弹动力为电机，射击时供弹系统由发射系统控制。

(1) 发射系统。

发射系统负责按照时序和瞄准诸元自动逐发地发射弹药。主要由装填机、炮身、炮尾、制退机摇架等组成。射击过程完成压弹、输弹、关闩、击发、后坐、开闩、抽筒等机构动作。

(2) 供弹系统。

供弹系统用于储存、步进炮弹，并按照发射系统的要求向发射系统供弹。主要由摆式转弹机、扬弹机、运弹装置、供弹动力传动装置等组成。

(3) 电气系统。

电气系统负责舰炮瞄准控制、舰炮发射控制、液压系统控制、炮位通风控制、炮位加热控制。主要由舰炮监控柜、随动控制柜、配电柜、继电器箱、接线箱、方向高低扩大机、方向高低执行电机、位置指示器、各种电磁铁、行程开关等部件组成。

(4) 液压系统。

液压系统负责提供动力，主要用来完成首发装填、击针复拨、排壳槽门打开和关闭、解航和锁航、扬弹机结合和断开等动作。主要由电机、泵、油箱、液压阀、油缸、行程开关等组成。

2. 世界主要近程防御(反导)舰炮

1) 俄罗斯的 AK-630M6 管 30mm 舰炮

AK-630M6 管 30mm 舰炮(简称 AK-630M)是俄罗斯研制的全自动舰载 6 管 30mm 加特林机炮，是俄罗斯的舰载近程防御武器系统(CIWS)。主要是为打击反舰导弹设计，亦可用于打击水面舰艇、防空以及扫雷等多元目标。

AK-630M 型舰炮是一型内能源转管炮，即自动机工作循环借助于舰炮发射时的火药气体能量维持而无需外能源，采用电击发方式，射速大于 3000 发/min。主要由自动机、炮架、供弹系统、电气系统、随动系统、冷却系统、供气系统、排壳排链器等组成。

(1) 自动机。

自动机在转动过程中用来完成弹药的自动除链、进弹、关闩、击发、抽壳等机构动作，采用电击发方式，由 6 个炮闩和 6 根炮管组成的炮管组带有冷却水套，采用循环淡水冷却炮管以提高身管寿命。由炮管组、炮箱、后盖组、除链器、拨弹器、箱盖、炮闩、起动器、活塞、通电器、缓冲弹簧、星形体、拨弹齿轮、拨弹轮等组成。

(2) 炮架。

炮架用来安装自动机和炮上其他零部件，主要由摇架、旋回架、滚珠座圈、基座、防护罩、航行固定器、方向机、高低机、炮眼护板、方向和高低缓冲器、射界和制动控制机构、开关盒、火药气体稀释器等组成。

(3) 供弹系统。

供弹系统采用弹链供弹方式负责向自动机供弹。供弹系统由圆形弹箱(前、后弹箱)、内导引、供弹口、直导引、螺旋导引、气动张紧装置、下供弹口、下软导引、上软导引等零部件组成。

(4) 随动系统。

随动系统为液压随动系统，用来完成瞄准跟踪，主要由液压控制箱、伺服马达及油箱、电机、泵等组成。

(5) 防护罩。

防护罩内装有稀释装置，可降低残留的火药气体浓度，以防其浓度增加而爆炸。防护罩内还装有气压控制装置，射击中，一旦罩内气压超过了规定值，罩后盖会自动开启一个长缝而向外排气，待降压后自行复位关盖。

2) 美国 20mm 密集阵

密集阵系统是世界上第一种全自动近程反导弹舰炮武器系统，装备于美国及世界 20 多个国家海军舰艇，它协同中、远程防空系统，实现对空中目标的纵深防御。该系统由 20mm 自动炮、搜索雷达、跟踪雷达和射击指挥仪等组成，系统采用模块式结构，结构紧凑，跟踪雷达、光电装在舰炮上，形成“三位一体”。

密集阵系统使用的 6 管 20mm 舰炮，主要包括 M61A1 型自动机和驱动部件、螺旋式供弹弹鼓等，发射脱壳穿甲弹，射速在 3000～4500 发 / min 可调，弹鼓储弹 950 发，射程 1500m 左右，其舰炮结构特点如下：

(1) 自动机。

自动机为外能源 6 管转管自动机，采用电击发方式连续自动地发射炮弹，主要由身管、炮箍、前后轴承支承、炮箱、闭锁机、发火机、进弹机、传动部件等零、部件组成。

(2) 炮架。

炮架为铸造结构，其上装有自动机、雷达天线座、高低机、方向机。炮架主要包括旋回平台、摇架、托板、两侧支架等，两侧支架置于旋回平台上，通过摇架、托板支撑着转管炮和雷达随动系统装置。这些大件都采用铝合金镶嵌钢件结构，并组合装配在一起，既保证了足够的强度，又减轻了重量。

(3) 供弹系统。

采用无弹链供弹方式，鼓形弹仓和供弹机位于火炮下方，鼓形弹仓可容纳炮弹 950 发。炮弹在弹鼓内沿纵向固定导轨径向排列，由螺旋内鼓将炮弹分隔成单层排列。射击时，在外部液压马达的驱动下，内鼓随着炮管同步转动，将弹药向前推至弹鼓出口处，并通过供弹槽和导向槽输弹入膛。

(4) 控制系统。

舰炮采用电气控制，液压驱动，包括有高低驱动装置、方向驱动装置及自动机转动驱动装置。这些驱动装置主要由齿轮、齿圈、齿轮箱、液压马达、测速机、制动器、手动传动装置等部件组成，为舰炮提供瞄准驱动和自动机转动驱动。

综上所述，意大利 OTO76mm 舰炮、俄罗斯 AK 单 76mm 舰炮、法国紧凑型 100mm 舰炮、美国 MK45 型 127mm 舰炮等四型舰炮是世界上各国海军装备最多的中、大口径舰炮，特别是意大利 OTO76mm 舰炮和美国 MK45 型 127mm 舰炮。分析这些炮的结构和组成，虽然实现功能的方式和说法不同，但有共同的特点，从功能上其组成可概括为：发射系统、供弹系统、补弹系统、电气系统、液压系统、炮架、防护装置、通风系统、航行固定装置、缓冲器、瞄准传动机构。近程防御舰炮主要由自动机、供弹系统、电气系统、液压系统、炮架、防护装置、通风系统、航行固定装置、缓冲器、瞄准传动机构等组成。

甲板以上所有舰炮机构都封装在炮塔内，即这些舰炮都有防护装置，维修空间有限。都具备供弹、瞄准、发射的全自动工作能力，自动化程度高，维修技能要求全面。都工作在复杂的海上环境和复杂的电磁环境中，具有“三防”功能。

3. 舰炮与陆炮特点对比

1) 使命任务不同

中大口径舰炮主要用于打击水面舰炮和对岸射击，小口径近程防御舰炮主要用于拦截反舰导弹。

由于舰炮担负着特殊的使命任务，对性能提出了更高的要求，具有射击精度好、射速高、火力密集等特点。如法国紧凑型 100mm 舰炮射速为 90 发/min，意大利 OTO76mm 单管超射速炮的射速达 120 发/min，俄罗斯的 AK-630M6 管 30mm 舰炮射速大于 3000 发/min。小口径反导舰炮多采用转管和双联装设计，射速达 3000~1200 发/min。

2) 结构组成不同

舰炮是一种全自动武器，除炮身、炮尾、炮架外，还有装填机构、供弹系统、扬弹机、补弹系统、液压系统、电气系统、航行固定装置、限位缓冲器、危险射界控制系统、通风系统等，同时为了在高射速下连续发射弹药，大多数舰炮设计有冷却系统。结构比陆炮复杂，功能更加齐全。

3) 维修空间不同

舰炮安装在水面舰艇，受平台载荷和空间限制，舰炮重量和体积不允许太大，舰炮具有防护装置(炮塔)，舰炮所有机构和控制箱柜安装在防护装置或舰艇的舱室内，维修空间小。

陆炮大多涉及运输和机动的问题，重量和体积不允许太大，陆炮在陆上使用，维修空间宽裕。

4) 使用环境不同

舰炮在海上使用，要能够抗御海水和盐雾的侵蚀，需要进行专门的“三防”设计。同时舰炮是舰艇上各武器系统的一个组成部分，处在复杂的电磁环境中，舰炮与舰艇上其他各系统之间必须要解决设备的电磁兼容性问题。

舰炮是在摇摆的平台上作战，并且经常是在舰艇行驶中射击，为保持舰炮射击时的稳定性，舰炮一般配有捷联基准或射击线稳定补偿系统。

5) 射击时火炮状态不同

地面压制火炮通常在基本静止状态进行瞄准和射击，地面射击时一般车体固定，火炮水平、俯仰的旋转速度不要求很快，而舰艇始终处于运动状态，舰炮由于要在航行、摇摆等动态条件下完成射击，因而机械传动系统负载能力更强，对瞄准随动系统的控制能力要求更高。因此，舰炮需要有比陆炮更精确的火控系统和能力更强的瞄准跟踪系统，才能实现精确射击。

6) 系统配置不同

由于射击时舰艇姿态、目标运动状态的复杂化，除随动控制能力外，舰炮对目标跟踪、火控解算的要求更高，因而舰艇上的舰炮与火控、跟踪器、导航设备等共同组成一套复杂的舰炮武器系统。

三、舰炮保障性特点

1. 舰炮使用条件、工作环境的特殊性，给保障性设计提出更高标准

舰炮安装在舰艇上，使用时舰艇处于航行和摇摆状态，相对于陆上装备可靠性、维

修性、安全性等方面均不同，因此，对保障性的要求与陆上不尽相同。

新型舰炮一般都设计有炮塔防护装置，操作维修一般在防护装备内进行，空间不可能太大，结构设计紧凑使维修可达性受到影响；若将炮上部件拆下维修，由于舰艇安装各种武器装备，舰炮的外围空间相对有限，维修操作空间受到限制，同时舰艇处于摇摆状态，维修平台的稳定性与陆上维修状态有较大的差别。

多型武器均装在舰艇上，舰炮射击时，可能会与其他武器同时运用，振动环境、电源环境、电磁环境复杂，给电气系统、机械系统的可靠性带来更多的不可预见性，因此在保障性设计时需要充分考虑。同时海上环境潮湿，盐雾浓度高，对防水防潮、防盐雾霉菌等有特别的要求。

因此，舰炮的使用环境条件、操作维修状态与陆上各型火炮有着明显的差异，为提高舰炮保障性要有相应的措施。

2. 舰炮结构、性能特点与舰炮保障性密切相关

舰炮一般由发射系统、供弹系统、电气控制系统、液压系统、冷却系统、测合系统、防护装置、加热系统、通风系统、弹药库等组成，与其他火炮相比从结构上有着明显区别，不仅结构复杂且结构紧凑，保障难度更大。

舰炮使命任务要求舰炮具备对应的战术技术性能，如舰炮射速、连射长度、控制系统负载等方面的战术技术性能要求不同于其他火炮，不同战术技术性能必然影响舰炮机械结构强度，影响可靠性、维修性、测试性、安全性、保障资源等保障性。

3. 自动化舰炮给保障性提出更高要求

新型舰炮为全自动舰炮，操作人员少，无人值守战位多，要求舰炮必须有较好的测试性或故障自诊断能力。在舰炮出现故障时能及时显示故障代码、故障部位、故障排除方法，舰炮必须设计有合适的故障和性能测试点。

综上所述，新型舰炮集机、电、液、气等多技术于一体，由于舰炮使命任务、技术性能、结构配置、工作环境等方面的特殊性和复杂性，给保障性带来了更高的要求。

第二节　舰炮保障性发展

一、国内外装备保障性发展

随着科学技术的发展，武器装备技术性能不断提高，同时装备的复杂性不断加深，装备的维修保障费用成为装备使用过程中不得不引起高度重视的重要环节。美国在20世纪50年代对装备的可靠性、维修性等进行了深入研究和应用，20世纪70年代颁布了MIL-STD-1388-1《后勤保障分析》和MIL-STD-1388-2《后勤保障分析记录》，20世纪80年代对装备完整性、安全性、适用性等保障性内容进一步做了规范，装备的保障性得到了较大提高。

我国可靠性、维修性研究起步于20世纪60年代，进入80年代得到迅速发展，颁布了GJB 368《装备维修性通用规范》、GJB 450《装备研究与生产的可靠性通用大纲》、GJB 899《可靠性鉴定与验收试验》等一系列国家军用标准，90年代颁布了GJB 2072《装备维修性试验与评定》、GJB 3872《装备综合保障通用要求》，推动了我国军用装备保障性的发展。目前，我国装备保障性研究和发展水平还存在不少问题。主要表现在：

(1) 重视装备战术技术性能，忽视使用性能；

(2) 装备保障组织不健全，政策法规缺乏，相关标准还需进一步完善；

(3) 缺乏用于型号开展保障工作的标准、指南、手册、专用软件及数据积累；

(4) 使用方在项目管理上人员不足，保障系统发挥的作用不够。

为改变这种状况，一方面要加强保障性理论研究，不断发展和创新保障性理论，支持保障性工程实践；另一方面在抓好保障性工作顶层设计的同时，做好具体项目和型号的保障性工作。

二、保障性及保障性试验

1. 保障性

GJB 451A《可靠性维修性保障性术语》将保障性定义为：系统的设计特性和规划的保障资源满足平时战备完好性及战时利用率要求的能力。

GJB 3872《装备保障性综合要求》将保障性定义为：系统的设计特性和规划的保障资源满足平时战备完好性和战时使用要求的能力。

本书采用 GJB 3872《装备保障性综合要求》的定义，保障性是系统或装备的设计特性和规划的保障资源满足平时战备完好性和战时使用要求的能力。设计特性主要是指装备可靠性、维修性、测试性、安全性等，体现了装备满足使用和维修要求的由设计赋予的特性。规划的保障资源是指为保证装备平时战备和战时使用要求所规划的保障人力、工具备件、技术资料、保障设备等，要求不仅数量和品种满足要求，并且提供的人员素质、技术资料、工具备件等要与装备相匹配。

装备保障性的特点有：

(1) 保障性追求或体现装备执行任务的能力；

(2) 保障性从装备的设计特性和规划的保障资源两个方面来衡量；

(3) 达到保障性要求必须有保障系统和必须通过综合保障工程实现；

(4) 保障性贯穿装备寿命周期各阶段。装备保障性在设计时赋予、生产中保证、使用中发挥和体现。

保障性与可靠性、维修性、测试性等设计特性一样是一种特性，是一种使用能力的体现，是与装备保障有关的特性。具有综合性和广义性，包括一系列不同层次、不同侧面与保障性有关的特性，是装备的综合使用能力，即满足平时战备和战时使用要求的能力。保障性由可靠性、维修性等设计特性和保障资源及保障系统的能力决定。用一系列的参数和定性要求来衡量。

2. 综合保障工程

综合保障工程是为实现保障性要求需进行的一系列管理和技术活动。在装备寿命周期内，为满足系统战备完好性要求和降低寿命周期费用，综合考虑装备的保障问题，确定保障性要求，进行保障性设计，规划并研制保障资源，及时提供装备所需保障的一系列技术与管理活动。美国称为综合后勤保障，我国称为综合保障或综合保障工程。

综合保障的目的是在研制新装备时综合考虑保障问题，使保障影响设计，并在装备交付部队时提供健全的保障系统(含保障资源)。综合保障工程是与装备保障有关的综合技术与管理活动，主要任务是为技术保障提供条件，这项工程贯穿于装备寿命周期全过程。

3. 技术保障

技术保障是为了保证现役装备处于战备完好状态，并能持续完成作战与训练任务所进行的使用与维修技术和管理活动，是装备使用阶段的一项工作。如装备在服役期间使用部门组织进行的装备原理、操作使用培训，请有关部门进行的维修等活动均是技术保障的内容。

4. 综合保障工程与可靠性、维修性工程

综合保障工程与可靠性、维修性工程都是为满足装备完好性要求，降低寿命周期费用而形成的学科和工程领域，它们有共同的目标，所以之间有着密切的联系，但各有其特定的工作内涵。

5. 保障性与可靠性、维修性

可靠性是装备在规定的条件下和规定的时间内完成规定功能的能力，反映的是装备使用可靠、不易发生故障的能力。维修性是装备在规定条件下保持和恢复到规定功能或状态的能力，反映的是装备好维修易维修的程度。保障性是装备自身的设计特性和规划的保障资源满足平时战备和战时使用要求的能力，含保障系统的能力，强调装备易保障并且能够得到保障，保障性的内涵比可靠性维修性更广，可靠性维修性是装备保障设计特性的重要组成部分。

本书采用 GJB 3872《装备保障性综合要求》中关于保障性的定义，即保障性是指系统(或装备)的设计特性和规划的保障资源满足平时战备完好性和战时使用要求的能力。

6. 保障性度量

舰炮可靠性的度量：全炮常用射击失效率、平均故障间隔发数、电气系统常用平均故障间隔时间等。

舰炮维修性的度量：常用平均修复时间、平均维修时间等。

舰炮保障性的度量：保障资源常用满足性、利用率、舰炮保障性系统参数用效能、费用、效费比、保障系统能力、战备完好性等参数综合衡量。

舰炮保障性同舰炮其他战术技术指标一样是舰炮的重要指标，反映了舰炮的使用性能。射程、射高、精度等体现了舰炮的战术技术性能，而保障性的侧重点是装备的可靠性、维修性、战备完好性和使用保障费用，体现了舰炮的使用性能，使用性能在舰炮设计和制造中受到高度重视，使用性能同战术技术性能一样需要试验鉴定。

三、舰炮保障性试验与评价的目的

1. 保障性试验

保障性试验是指为获取评估装备保障性信息所进行的实践活动。利用试验和分析得到的数据，通过综合的方法对装备的保障性做出决策的过程就是保障性评价，试验是手段，评价是目的。保障性评价包括定量要求和定性要求的评价。其目的是验证新研装备是否达到了规定的保障性要求，分析并确定装备保障性方面存在的不足，采取纠正措施，提高装备的战备完好性，降低寿命周期费用。

舰炮保障性试验和评价与舰炮保障性论证、规划等工作同时开展，在舰炮研制、使用的不同阶段，开展不同类型的保障性试验与评价。在论证、研制的不同阶段，依次形

成了保障性 A 类、B 类、C 类技术规范，分别是系统级保障性技术要求、分系统级保障性技术要求、部件或元器件级的保障性设计特性详细要求，保障性试验与评价则是从 C 类、B 类到 A 类顺序进行。

2. 舰炮保障性试验与评价的目的

舰炮保障性试验与评价的主要目的如下。

(1) 评估装备系统是否达到规定的保障性要求：

① 保障性设计特性是否达到合同规定的要求；

② 保障资源是否达到规定的功能和性能要求，是否与装备相匹配，保障资源之间是否协调，保障资源的品种与数量是否满足需要；

③ 装备系统是否满足规定的战备完好性要求，保障系统是否达到规定的保障能力；

(2) 判明偏离预定保障性要求的原因。

(3) 确定纠正保障性的缺陷和提高战备完好性的方法。

四、舰炮保障性试验与评价的类型和内容

舰炮保障性试验与评价按阶段可分为研制试验与评价、使用试验与评价。

保障性试验与评价分为两个大的阶段：一是研制阶段的保障性试验与评价，称为研制性试验与评价，主要目的是发现缺陷和问题、改进不足，验证舰炮保障性设计特性是否满足设计和符合合同规定的要求，保障资源与舰炮的匹配性及保障资源之间的协调性，为系统战备完好性做出初步评估等保障性目标评估和设计定型提供数据；二是使用阶段的保障性试验与评价，称为使用试验与评价，主要目的是通过在实际环境或模拟真实环境下，检验舰炮的使用效能和部队适用性。定型阶段的保障性试验与评价属于研制试验与评价的范畴，部队试用期的保障性试验与评价属于使用试验与评价的范畴。

保障性研制试验与评价的主要试验内容有可靠性、维修性、测试性、安全性、人素工程等保障设计特性、保障资源及保障系统能力、效能、保障费用等。

保障性使用试验与评价的主要试验内容有射击前检查准备、射后检查、维护保养演示、人素工程演示、战斗射速射击试验、维修性、测试性和安全性演示、保障资源演示、备件满足率和利用率统计等。

保障性试验与评价结合定型试验和部队试验进行，主要采用统计试验和演示验证试验两种方法。

系统战备完好性是一个保障性综合评估指标。系统战备完好性评估是对舰炮完整系统在规定的实际使用环境下进行的评估，除了可以验证舰炮是否达到规定的系统战备完好性要求外，还可以验证舰炮保障系统的保障能力和舰炮的使用可靠性维修性水平等。在方案论证、研制生产、设计定型、系统使用等阶段系统战备完好性评估的目的、内容有所不同。

在方案论证阶段，制定现场使用评估计划，说明评估目的、评估参数、评价准则、约束条件、数据收集方式、数据传递方式和途径、数据的处理和利用以及所需的资源等。

在设计定型阶段，通过保障性设计特性试验与评价和保障资源试验与评价的结果初步分析舰炮系统达到系统战备完好性要求的可能性，发现问题及时采取纠正措施。在部队试验期间，对系统战备完好性进行初步评估。

在部署使用阶段，在舰炮使用过程中，使用方可以通过收集舰炮在实际使用环境下的使用、维修、供应和费用数据，进行后续评估，为调整保障系统、装备改型和新装备研制提供信息。

系统战备完好性评估方法：作为初始作战能力评估的一部分，一般应在舰炮部署一个基本作战单位、人员经过规定的培训、保障资源按要求配备到位后，开始进行系统战备完好性评估。系统战备完好性评估应通过收集、分析现场使用、维修和供应数据进行，当评估结果达到规定的系统战备完好性要求的门限值时，则标志着保障性设计特性达到了规定的要求，也标志着保障系统已具备初始保障能力，当不满足要求时应进行分析，提出改进建议。

舰炮保障性试验与评价的主要内容包括三个方面：

(1) 保障性设计特性试验与评价；

(2) 保障资源试验与评价；

(3) 舰炮保障性综合评估，主要包括舰炮系统战备完好性评估、舰炮效能评估、舰炮费用评估等。

研制阶段的保障性试验与评价主要是前两项内容，装备的设计特性是否达到规定值是装备鉴定和定型的重要依据，装备的保障性设计特性是装备设计特性的重要组成部分，因此在研制阶段应进行保障性的试验与评价，为装备鉴定和定型提供重要的依据。第三项内容在研制阶段得到的相关数据还很有限，只能进行战备完好性的初步分析与评估。

保障性设计特性试验的主要内容有可靠性试验、维修性试验、测试性试验等，简称RMT试验。另外还有安全性、人素工程、生存性、抢修性、运输性、自保障特性等与保障性相关的设计特性试验。

C类、B类保障性技术要求的试验与评价一般在出厂(所)前进行，A类保障性技术要求的试验与评价是对系统级保障性要求的试验与评价。舰炮在定型和部署初期，在建立并形成保障系统的前提下，全面考核A类技术规范所提出的保障性要求，并评估达到保障性目标和使用要求的情况，查找薄弱环节，进一步提高保障性，为舰炮定型提供依据。本书的内容正是介绍定型阶段的舰炮保障性试验与评价。

五、保障性试验与评价的时机

保障性试验与评价贯穿于舰炮全寿命周期，设计单位在保障计划制定时将舰炮全寿命内不同阶段的试验内容列入计划，保障性工作组织根据计划检查保障性试验和评价工作的完成情况，发现问题及时纠正。

1. 舰炮研制阶段的保障性试验与评价

舰炮研制的各阶段，都应进行保障性试验与评价，不断完善保障系统、保障计划、保障方案。但各阶段试验与评价的工作内容和重点不同。论证阶段，完成保障性指标论证，确定保障系统要求，此时装备系统和保障系统还没有完成设计，此阶段进行保障性指标的适用性、可实现性及为达到指标预计的费用进行初步分析和评审，检查保障性指标确定的科学性、合理性、适用性。在舰炮方案和技术设计阶段进行舰炮保障性设计，保障性设计要对舰炮设计产生必要的影响，此阶段结束后对舰炮保障性方案设计和技术设计进行评价，发现问题及时纠正。设计定型试验是舰炮研制阶段后期重要的节点试验，结合进行保障性设计特性和保障资源试验与评价工作，将保障性试验与评价作为研制阶段装备定型试验与评价的重要内容，是装备定型的重要依据，是装备服役前最为重要的工作内容之一。保障资源试验与评价在舰炮工程研制的后期进行，一般与出厂鉴定试验和设计鉴定试验结合进行，并尽可能与保障性设计特性的试验与评价相结合，最大限度地利用资源，减少重复工作，同时，在设计定型阶段结合进行部队使用性的初步试验与评价。

在舰炮定型阶段，保障性试验开展的前提条件是舰炮研制厂(所)按要求开展了保障性工作。保障性试验工作的开展应列入装备研制计划，在装备研制的各个阶段适时进行保障性试验与评价，及时发现保障性方面存在的不足并加以纠正，形成完整的保障性工作过程，生成必要的保障性工作文件，具备了开展可靠性、维修性、测试性等保障设计特性试验验证的条件，按要求完成了保障资源的准备，具备进行保障资源试验与评价的基本条件。

2. 舰炮使用阶段的保障性试验与评价

舰炮装备部队服役初期，在舰炮设计定型阶段对保障性综合初步评估的基础上，在舰炮初始使用阶段形成基本作战单元后进行现场初始使用评估，利用使用、维修、供应和费用等数据对舰炮战备完好性、使用可靠性、维修性、保障系统能力、使用与维修费用等进行初始使用评估，根据评估结果进行必要的改进和完善。

在舰炮装备部队形成完整作战单元后进行现场使用评估，利用使用、维修、费用等数据对舰炮战备完好性、使用可靠性、维修性、保障系统能力、使用与维修费用等进行现场使用评估，为提出下一代舰炮的保障性要求提供数据。

六、保障性试验与评价的管理

舰炮全寿命周期的保障性试验与评价在专门的舰炮综合保障管理组织机构的统一领导下按计划开展工作。

定型阶段的舰炮保障性试验与评价的管理纳入舰炮定型试验管理。

舰炮保障性试验与评价是一个系统且复杂的工作，试验需要大量的人力和物力，在此所指的保障性试验是指保障性验证试验，所以保障性试验应与性能试验结合，在装备定型或鉴定时进行，缩短研制周期，节约研制费用。

第三节　舰炮保障性的度量

舰炮保障性一方面取决于舰炮的保障性设计水平，另一方面取决于保障系统的能力，保障性要求分为定量要求和定性要求。

舰炮保障性定量要求分为三类：第一类是从使用角度提出的系统级的保障性要求，一般将反映系统级的、反映舰炮和舰炮保障系统综合能力的保障性要求称为舰炮战备完好性要求，舰炮具有好的战备完好性和合适的寿命周期费用是舰炮保障性工作的最终目的；第二类是从设计角度提出的针对舰炮的保障性设计特性要求；第三类是针对保障系统和保障资源提出的要求。

舰炮保障性定性要求包括针对装备系统、保障性设计、保障系统及其资源等方面的非量化要求。舰炮保障性系统级(A 类)定性要求主要指规范化、标准化等的原则性要求；舰炮保障性设计方面的要求主要有可靠性、维修性、测试性、安全性的定性要求，如舰炮满足使用环境要求、维修方便可达、有充足的测试点等均是定性要求的内容；保障系统及其资源等方面的定性要求是指在规划舰炮保障时要注意和遵循的各种原则和约束条件。

舰炮保障性定性要求与定量要求相互补充，在舰炮保障性要求中尽可能使要求量化，尽可能使用定量要求，而且这些定量要求是可以验证的，如平均故障间隔发数、平均故障间隔时间、平均故障修复时间等。同时，定性要求是不可或缺的，定性要求是定量要求的重要补充，定性要求按规定的准则可以检查，如维修可达性要求、安全功能正确性等。

保障性参数一般与装备的类型、结构、使用特点等有关。装备保障性要求依据装备的不同而不同，如就可靠性而言，有的装备用平均故障间隔时间，有的用平均故障间隔次数，有的用成功率。新型舰炮是集机械、电气、液压、光学等多学科技术于一体的复杂系统，用于度量舰炮保障性的参数可从系统、分系统及使命任务等多方面来确定，常用参数主要有使用可用度、平均故障间隔发数、平均故障修复时间、故障检测率、安全制动滑行角、危险射界范围等。

在不同的阶段有不同的指标要求，舰炮立项综合论证阶段给出保障性要求是使用要求，舰炮研制总要求中给出保障性要求是合同要求，试验鉴定阶段还要有验证要求。三个层次的指标具有内在的联系，试验与评价时对验证指标进行验证。

舰炮保障性定量和定性要求较多，下面从统计检验的角度阐述常用的保障性参数和要求。

一、保障性定量要求

1. 舰炮保障性综合要求

1) 固有可用度 A_i

$$A_i = \frac{T_{BF}}{T_{BF} + \bar{M}_{ct}} \tag{1-1}$$

式中 T_{BF} ——平均故障间隔时间(MTBF)；

$\bar{M}_{ct}$ ——平均修复时间(MTTR)。

2) 可达可用度 A_a

$$A_a = \frac{T_{BM}}{T_{BM} + \bar{M}} \tag{1-2}$$

式中 T_{BM} ——平均维修间隔时间(MTBM)；

$\bar{M}$ ——平均维修时间。

3) 使用可用度 A_0

$$A_0 = \frac{T_0 + T_{ST}}{T_0 + T_{ST} + T_{PM} + T_{CM} + T_{ALDT}} \tag{1-3}$$

式中　T_0——使用时间；

T_{ST}——待机时间；

T_{PM}——预防性维修时间；

T_{CM}——修复性维修时间；

T_{ALDT}——管理和保障延误时间。

4) 使用可靠性和维修性

$$平均不能工作事件间隔时间=\frac{舰炮寿命单位总数}{不能执行任务事件总数} \tag{1-4}$$

$$平均修复时间=\frac{舰炮修复性维修总时间}{不能工作事件总数} \tag{1-5}$$

$$任务可靠性=1-\frac{任务期间故障总数}{计划执行任务总数} \tag{1-6}$$

2. 舰炮保障性设计特性要求

1) 舰炮可靠性定量要求

(1) 可靠度$R(t)$和不可靠度(失效率)$F(t)$。

舰炮可靠度$R(t)$是指规定的时间内和规定的条件下(寿命剖面或任务剖面)，完成规定功能的概率，不能完成规定功能的概率称为不可靠度$F(t)$。舰炮可靠度函数的表示由寿命分布函数决定，在此不展开讨论。根据上述定义有下式成立。

$$R(t)+F(t)=1 \tag{1-7}$$

(2) 平均故障间隔时间 MTBF。

$$\text{MTBF}=\frac{T}{n} \tag{1-8}$$

式中　T——累计工作时间；

n——故障次数。

(3) 平均故障间隔发数(射击可靠性)MRBF。

$$\text{MRBF}=\frac{N}{n} \tag{1-9}$$

式中　N——累计射击弹药数；

n——故障次数或射击故障次数。

(4) 失效率λ。

$$\lambda=\frac{n}{T}\times 1000/1000 \tag{1-10}$$

式中　n——故障次数或射击故障次数；

T——累计工作时间。

(5) 射击故障率λ。

$$\lambda=\frac{n}{N}\times 1000/1000 \tag{1-11}$$

式中　n——故障次数或射击故障次数；

N——累计射击弹药数。

2) 舰炮维修性定量要求

舰炮维修性定量要求常用表示形式主要有维修时间、工时、费用等，如修复性维修时间常用平均修复时间、各维修级别的平均修复时间、主要零部件拆卸安装时间等参数。预防性维修时间参数主要有平均预防性维修时间、平均中修时间、平均小修时间等。各级各类维修工时常用每工作小时的平均维修工时等。

(1) 平均修复时间 $\bar{M}_{ct}$。

是指排除故障所需实际修复时间的平均值，在装备研制总要求中常用 MTTR 表示。对于装备的一个维修项目有：

$$\bar{M}_{ct}=\frac{\sum_{i=1}^{N}t_i}{N} \tag{1-12}$$

式中　N——一个维修项目的累计维修次数；

t_i——第 i 次修复所用时间。

如果有 n 个修复项目，则平均修复时间为

$$\bar{M}_{ct}=\frac{\sum_{i=1}^{n}\lambda_i\bar{M}_{cti}}{\sum_{i=1}^{n}\lambda_i} \tag{1-13}$$

式中　λ_i——第 i 个可修复项目的故障率；

$\bar{M}_{cti}$——第 i 个可修复项目平均修复时间。

(2) 平均预防性维修时间 $\bar{M}_{pt}$。

是指装备每次预防性维修所需时间的均值。

$$\bar{M}_{pt}=\frac{\sum_{j=1}^{m}f_{pj}\bar{M}_{ptj}}{\sum_{j=1}^{m}f_{pj}} \tag{1-14}$$

式中　f_{pj}——第 j 项预防性维修作业的频率；

$\bar{M}_{ptj}$——第 j 项预防性维修作业所需时间；

m——预防性维修作业项目数。

3) 舰炮安全性定量要求

为保证人员和装备安全，必须对舰炮安全性提出要求，并且将安全要求落实在设计中，在不同的阶段进行试验检验。一般定量要求有：极限长连射弹药数、噪声限制要求，炮口冲击波及压力场参数要求，制动滑行角要求等。各型舰炮的安全性要求差别较大，不一一列举，在舰炮安全性章节中结合试验详细介绍。

4) 舰炮测试性定量要求

舰炮测试性定量要求主要有故障诊断时间参数和故障定位准确性参数，常用的参数

有故障诊断时间、故障隔离时间、故障检测时间，故障隔离率、故障检测率、虚警率等。

(1)故障检测率 r_{FD}。

是被测试项目在规定的期间内发生的所有故障，在规定的条件下用规定的方法能够正确检测出的百分数。

$$r_{FD} = \frac{N_{FD}}{n} \times 100\% \tag{1-15}$$

式中 n——在规定时间内发生的全部故障数；

N_{FD}——在同一期间规定的条件下用规定的方法正确检测出的故障数。

(2) 故障隔离率 r_{FI}。

是被测试项目在规定期间内已被检出的所有故障，在规定的条件下用规定的方法能够正确隔离到规定个数(L)以内可更换单元的百分数。

$$r_{FI} = \frac{N_L}{N_{FD}} \times 100\% \tag{1-16}$$

式中 N_L——在规定的条件下用规定的方法正确隔离到小于或等于 L 个可更换单元的故障数。

(3) 虚警是检测设备指示被检测项目有故障而实际该项目无故障。虚警率 r_{FA} 是在规定期间内发生的虚警数与故障指示总次数之比的百分数。

$$r_{FA} = \frac{N_{FA}}{N_F + N_{FA}} \times 100\% \tag{1-17}$$

式中 N_{FA}——虚警次数；

N_F——真实故障指示次数。

3. 舰炮保障系统及其资源的保障性要求

1) 舰炮保障系统表征参数——延误时间

保障系统结构的合理性、运行的效率等对舰炮战备完好性具有重要影响，是衡量保障系统效能的重要指标，主要表征参数为延误时间。延误时间由保障资源延误时间和管理延误时间组成，是表征舰炮保障系统能力的指标。

2) 舰炮保障资源表征参数

保障资源的满足率、利用率、保障设备的可靠性、专用工具和技术资料的适用性是完善、规划保障资源的重要依据，直接影响保障系统的设计，是经济性和战备完好性权衡的结果。舰炮保障资源的表征参数较多，在此不一一列举，主要表征参数如下：

(1) 备件利用率 r_l。

备件利用率表征舰炮某一维修级别的某段时间或射击弹药数内的备件使用情况：

$$r_l = \frac{m}{w} \tag{1-18}$$

式中 r_l——某一维修级别备件利用率；

m——该维修级别备件实际使用数；

w——该维修级别备件拥有数。

(2) 备件满足率 r_m。

备件满足率表征舰炮某一维修级别的某段时间或射击弹药数内备件的拥有情况：

$$r_m = \frac{m}{w} \tag{1-19}$$

式中 r_m——某一维修级别备件满足率；

m——该维修级别能够提供的备件数；

w——该维修级别需要提供的备件数。

(3) 保障设备利用率。

表示方法与备件利用率类似。

(4) 保障设备满足率。

表示方法与备件满足率类似。

4. 特殊要求

舰炮与陆上装备、空中装备比较有其特点，保障性要求也有自身特点。舰炮安装在舰艇上，从使用状态可分为系泊和航行，因此舰炮设计有航行固定器，具有解航、锁航功能，系泊、航行状态下需要适用各种海况，具有符合要求的抗摇摆能力；同时为满足使用要求，对使用保障参数提出要求，如战斗准备时间、反应时间、弹种更换时间、装弹时间等，在此暂不做详细介绍。

二、保障性定性要求

1. 舰炮保障性综合要求

从舰炮系统级提出的综合性定性要求，例如使用可用度好、保障费用低、具有较好的效费比等。

2. 舰炮保障性设计特性要求

1) 舰炮可靠性定性要求

(1) 尽可能采用标准件；

(2) 采用成熟技术和成熟设计；

(3) 简化设计；

(4) 降额设计；

(5) 采用冗余设计；

(6) 采用容差设计和瞬态过应力设计；

(7) 防误操作设计；

(8) 环境保障设计等。

2) 舰炮维修性定性要求

(1) 人员数量和技能水平；

(2) 培训要求和训练器材；

(3) 维修可达性、测试可达性；

(4) 工具、附件和保障设备的数量及品种限制；

(5) 备件数量、品种要求；

(6) 标准化、模块化、通用化与互换性；

(7) 防差错和识别标示要求；

(8) 故障检测、隔离设计技术应用要求等。

3) 舰炮测试性定性要求

设计有专用的故障检测仪器或设备(BITE)、单元，能够完成状态监控和故障检测。

(1) 具有状态监控功能；

(2) 具有性能检查功能；

(3) 具有故障隔离功能；

(4) 配有通用和专用检测设备。

4) 舰炮安全性定性要求

主要从人员安全和装备安全两个方面对舰炮提出安全性定性要求，舰炮必须具备安全联锁、防误操作、危险射界停射、失相保护、断电保护等功能。一般有：

(1) 操作人员安全要求；

(2) 维修人员安全要求；

(3) 舰炮射击安全要求，如最长连射数，噪声、冲击波对人员听器的影响等符合标准的规定；

(4) 舰炮系泊、航行、运行安全；

(5) 舰炮安装部位周围其他装备和人员安全。

3. 舰炮保障系统及其资源的保障性要求

保障系统结构合理、运行效率高，保障资源充足、经济实用，满足使用要求等。

4. 特殊要求

根据舰炮结构和使用特点，舰炮保障性要求还有自己的特点，这些要求实际包含在某些设计特性要求中，在此进一步强调，如，舰炮必须设计有航行固定器，具有解航、锁航功能；舰炮具有系泊和航行状态下海情适应能力，如抗摇摆能力；舰炮必须进行“三防”设计等。

第二章 舰炮可靠性试验与评价

舰炮可靠性是指舰炮在规定的使用条件和规定的时间内，完成规定对空、对海、对岸射击功能的能力。舰炮可靠性是表征舰炮使用性能的重要指标，与维修性、测试性、安全性等特性构成舰炮保障性设计特性重要内容。舰炮可靠性分为基本可靠性和任务可靠性，基本可靠性是舰炮在规定条件下无故障的持续工作时间或概率，反映舰炮在寿命剖面内的技术状态，表征舰炮对维修保障的需求。任务可靠性是在规定的任务剖面内完成规定功能的能力，反映舰炮在任务剖面内的技术状态，表示舰炮在规定的任务剖面内完成规定任务的能力。

研制总要求对舰炮可靠性、维修性等保障性提出了明确要求，在舰炮研制的各个阶段不断地进行可靠性分析、核查、试验，查找设计中存在的不足，加以纠正和完善，在定型阶段需要对舰炮达到的可靠性水平进行评价，试验数据和结论作为设计定型的重要依据，因此，可靠性试验是舰炮试验鉴定的重要内容。本章重点对舰炮在定型阶段的可靠性试验与评价进行介绍。

第一节 概 述

一、可靠性试验定义和分类

可靠性试验是对舰炮可靠性进行统计、分析和判断评估的一种手段。在舰炮不同的研制阶段进行不同的可靠性试验，试验目的也有不同，概括起来试验目的包括以下三个方面：

(1) 通过试验发现舰炮在设计、材料和工艺方面的各种缺陷；

(2) 为改进舰炮战备完好性、减少维修及保障费用提供信息；

(3) 确定舰炮是否符合可靠性定量要求，为舰炮定型提供依据。

可靠性试验不只是为了对舰炮可靠性是否满足研制要求做出合格或不合格的结论，重要的是通过试验找出舰炮可靠性的薄弱环节，采取改进措施，提高舰炮可靠性。

根据可靠性试验的试验目的、试验性质、试验对象，可有多种分类方法，在此采用GJB450-88《装备研制与生产的可靠性通用大纲》的分类方法。GJB 450—88 中将可靠性试验分为两大类，四个工作项目，如图 2-1 所示。

可靠性试验分为工程试验和统计试验，工程试验包括环境应力筛选试验和可靠性增长试验，统计试验包括可靠性鉴定试验和可靠性验收试验。

环境应力筛选试验是通过施加各种应力查找不合格或有可能早期失效的零件、元器件的一种方法，常用的应力有振动、温度循环、湿度循环、电应力等。

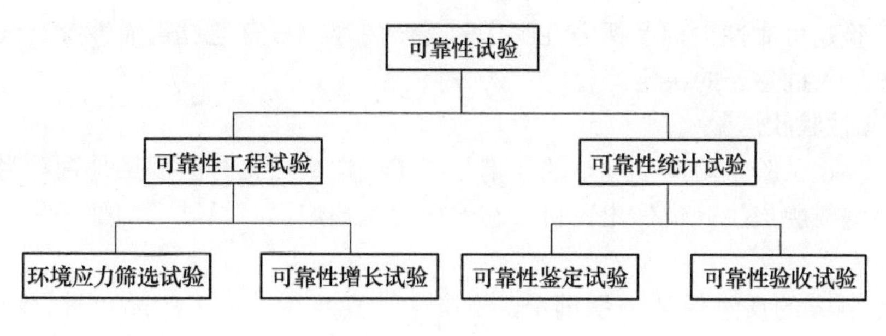

图 2-1　可靠性试验分类

可靠性增长试验是为暴露舰炮易发生故障的薄弱环节，并证明改进措施有效的一系列试验活动，其目的是提高舰炮可靠性，使可靠性得到增长。

可靠性统计(验证)试验的主要目的不仅是暴露舰炮在可靠性方面的缺陷，更重要的是为了验证舰炮可靠性是否达到了规定的可靠性要求，需要做出接收或拒收的结论，因此，可靠性试验大纲和试验方案一般由使用方制定，如果由承制方制定，则必须经使用方认可。舰炮可靠性统计试验包括可靠性鉴定试验和可靠性验收试验。

可靠性鉴定试验是为确定舰炮可靠性是否达到了设计要求而进行的试验，试验结果和结论作为舰炮定型的重要依据。舰炮可靠性鉴定试验在舰炮定型试验时进行。

可靠性验收试验主要是对批量较大的舰炮进行的可靠性统计试验，验证舰炮生产批的可靠性水平是否满足规定的要求。

二、可靠性试验时机及要求

在舰炮研制阶段，参加定型试验前承制方应组织进行可靠性的测定，可靠性测定的目的是确定舰炮达到的可靠性水平，查找舰炮当前可靠性特性与要求水平的差距，提出改进措施，提高舰炮可靠性，为舰炮参加鉴定或定型提供必要的条件。

可靠性工程试验在舰炮的研制阶段进行，一般由研制单位组织完成；统计试验一般在设计定型阶段、生产定型阶段和批检验收时进行，由专业靶场组织完成。

可靠性统计试验是舰炮设计定型的要求，是舰炮可靠性大纲必要的工作项目，是对舰炮可靠性工作项目结果的总结和验证，如果缺少了这一环节，那么对舰炮所做的提高可靠性工作就难以进行定性及定量的评价。

1. 可靠性鉴定试验

可靠性鉴定试验在批生产前进行，用于验证舰炮是否满足可靠性指标要求，向使用方提供合格证明。按照 GJB 450—88 要求，可靠性鉴定试验的产品应是用于鉴定或定型的样机，可靠性鉴定试验一般应在设备级进行。从费效比和实际可能性出发，可靠性鉴定试验应尽可能与系统或设备总的鉴定或定型试验结合在一起进行。

用于参加可靠性鉴定试验的舰炮必须能够反映所设计舰炮的实际情况，并提供验证可靠性估计值。在舰炮研制阶段的后期，可靠性鉴定试验是执行可靠性大纲过程中的一项最关键的内容。实践证明，如果只有可靠性指标而不要求做可靠性鉴定试验，很难使承制方对可靠性大纲中规定的其他项目进行必要的认真的努力。承制方很可能把主要精力投入合同或任务书所要求的性能和进度上，而可靠性、维修性最终成为一句空话。可靠性鉴定试验是可靠性工程及保障性工作的重要内容，只有通过可靠性鉴定试验才能定型，并做出投入批生产的决定。

2. 可靠性验收试验

可靠性验收试验是验证批舰炮的质量与鉴定或定型试验时的质量是否有明显差别，对交付的舰炮或舰炮生产批做出评价。它的前提是舰炮已经通过了定型试验，并已投入了批生产。

如果承制方的质量保证体系健全，生产中认真执行《军工产品质量管理条例》及ISO 9000系列标准，承制方严格执行使用方认可的可靠性大纲，关键的元器件、原材料、生产工艺是一致的、稳定的，经监督(例如军代表的监督)且没有理由说舰炮的可靠性会比定型水平有显著下降的，在这些前提下可采用高风险率统计试验方案，在制定试验方案时需要的样本量可以比鉴定试验少。

1) 试验方案及试验条件

验收试验方案由承制方制定，订购方认可，或由指定的国家靶场制定试验方案并组织试验、出具试验结果报告。

验收试验方案应包括两个层次内容，一是抽样方案，二是对样本的可靠性检验方案。舰炮可靠性验收试验一般用于对舰炮批的验收，在生产合同中应规定一个批的范围，受试舰炮在同一批中进行随机抽取。由于舰炮批量较小，若使用方无其他规定，每批受试的舰炮数目应该是1～2座。批量大时可根据抽样方案进行抽取样本，常用的抽样方案有二项分布的抽样检验方案、超几何分布抽样检验方案、泊松分布抽样检验方案；另外，GJB 179给出了标准的计数抽样检验方案。GJB 899建议“无特殊规定时，每批产品至少应有2台接受试验，推荐样本大小为每批产品的10%，但最多不超过20台”。舰炮的批量小，对舰炮可靠性验收试验而言推荐的样本大小为不超过批的10%，一般取一座舰炮进行批验收试验。可靠性验收试验第二层次是对所抽取样本的检验，可采用序贯试验方案，定时、定数截尾试验方案等统计试验方案。

验收试验所采用的试验条件要与可靠性鉴定试验中使用的综合环境条件相同。所用的试验样品要能代表生产批，同时应定义批量的大小，并且由使用方规定抽样规则。验证可接受的性能基准应该在标准的环境条件下进行，以便获取重现的结果。

2) 受试舰炮的要求

由于这类试验是在连续生产过程中进行的一系列定期性试验，试验的目的是确定舰炮能否满足规定的性能及可靠性要求，因此可靠性验收试验一般将自生产合同签订后交付的第一批舰炮开始在每一生产批上进行。

抽取进行验收试验的舰炮都应通过《舰炮研制总要求》、《舰炮技术规格书》、《舰炮制造与验收技术条件》或《舰炮合格证》中规定的检查、试验和预处理，在试验前进行详细的性能试验测试，试验后验证观测到的性能是否满足性能指标要求。

3. 可靠性鉴定试验与可靠性验收试验的区别

两种试验的方案是有所区别的。这两种试验的区别主要有：

(1) 试验目的不同。舰炮可靠性鉴定试验是为了验证舰炮的设计是否达到了规定的可靠性要求；可靠性验收试验是为了验证舰炮的可靠性不随生产过程中工艺、工装、流程和零部件质量波动而下降，是生产质量稳定性考核试验之一。

(2) 舰炮所处阶段不同。可靠性鉴定试验是产品研制中，设计定型阶段的考核试验；可靠性验收试验是舰炮批生产过程中对舰炮可靠性稳定性的考核试验，一般按舰炮的批次进行。

(3) 试验要求不同。可靠性鉴定试验要求通过试验及数据分析给出该型舰炮可靠性指标的测定值，而可靠性验收试验是只对受试舰炮所代表的批舰炮可靠性水平合格与否做出判决，不要求确定该批舰炮可靠性指标的具体数值。

(4) 试验方案不同。由于可靠性鉴定试验要求通过试验需对MTBF等真值做出估计，所以一般采用定时截尾试验方案；而对仅需以预定的判决风险率(α，β)，对预定的MTBF值(θ_0，θ_1)等做出判决的可靠性验收试验，则可采用序贯抽样试验方案，由此而引起的试验舰炮数量、射击弹数、试验时间及根据试验数据做出的统计判断和估计的内容亦不同。

三、试验前应明确的事项

试验前应明确试验对象、试验条件、试验剖面、故障判断准则、故障处理准则、合格判据、试验方案等事项，具体内容如下：

1. 明确试验对象

试验对象即要通过试验进行可靠性评价的被试品，试验前应明确，为故障判决划好界线。舰炮试验中有被试品，也有参试品，在进行故障处理时要区别对待。只有被试品本身原因引起的故障才可以记作责任故障。例如，某型舰炮进行可靠性试验时用正弦机带炮，那么因正弦机引起的故障不能记作舰炮的责任故障。再比如在对舰炮随动系统做可靠性鉴定试验时，由于舰炮机械原因造成的停射故障不能记入随动系统责任故障。

2. 明确任务剖面和试验剖面

1) 任务剖面

根据舰炮使命任务确定舰炮任务剖面，结合使用环境进一步综合成试验剖面。

可靠性分为基本可靠性和任务可靠性，基本可靠性在寿命剖面统计，任务可靠性在任务剖面统计。舰炮可靠性鉴定试验是指任务可靠性，因此试验前应明确舰炮的任务剖面。

任务剖面是舰炮在完成规定任务这段时间内所经历的事件和环境的时序描述。舰炮的使命任务在论证时已经确定，通过设计和生产已经固化，不同口径的舰炮其任务也各不相同，主要有日常训练任务、对空防御任务、对海攻击任务、对岸轰击任务。

在明确舰炮要完成的任务后，应对任务剖面进行描述，比如完成任务期间的各种应力条件(温度、湿度、振动、电应力、发射率、航路条件、射击条件等)。

2) 环境剖面

舰炮可靠性是指舰炮在规定使用条件下、规定时间内完成对空中、海上或岸上目标打击功能的能力。舰炮可靠性与海上使用环境条件密切相关，因此舰炮可靠性工程试验、统计验证试验的环境条件应尽可能反映舰炮在现场使用环境的特征。舰炮执行一次典型任务的可靠性试验剖面是由任务剖面经计算处理得到环境剖面，再由环境剖面经工程化处理后得到试验剖面。

小口径舰炮一般完成对空防御、对水面小型目标打击任务，中大口径舰炮主要完成对水面舰艇、岸上目标打击任务，兼顾对空防御任务。因此一型舰炮可能要执行多种任务，任务剖面可以有多个。

环境剖面是舰炮在系泊、航行、训练、作战使用中将会遇到的各种主要环境参数和时间的关系图，主要根据任务剖面绘制，每个任务剖面对应于一个环境剖面，因此环境剖面可有多个。

3) 试验剖面

试验剖面是直接供试验用的环境参数与时间的关系图，是按照一定的规则对环境剖面进行处理后获得的。对于有多个任务剖面的舰炮，要把对应于多个任务剖面、环境剖面的多个试验剖面综合成一个合成试验剖面。

舰炮使用中的综合应力可划分为两方面：工作应力和环境应力。工作应力为电、液压和气压等应力；综合的环境应力为温度、湿度和振动的应力进行综合施加，称为三综合应力可靠性试验。

一般情况下，综合应力试验条件包括电应力、振动应力、温度应力、湿度应力及设备工作循环。

舰炮是复杂的系统，其组成设备在水面舰艇上有的安装在甲板上，有的安装在舱室内，舱室内的设备有的位置有空调，有的没有空调。为全面验证舰炮的环境适应能力，在设计综合环境时应考虑最严酷的系泊和航行环境，一般在综合环境条件中增加冷浸和热浸。

(1) 电应力和工作循环。

舰炮工作循环期间，输入电压应在规定的几个等级之间变化，一般工作状态的电应力中，50%的时间输入设计的标称电压，25%的时间输入设计的上限电压，25%的时间输入设计的下限电压。电压的容差为标称电压的+6%～−10%。此外还应明确舰炮的通、断电循环，规定的工作模式及工作周期，比如，舰炮在冷浸和热浸期间应通电，在其他时间内有 10%的随机时间处于断电状态。

(2) 振动应力。

在舰艇上施加振动，主要以主机开机、副机开机、其他装备开机或发射等舰艇上装备实际工作产生的振动为试验参数，试验过程进行振动参数的监测，在真实环境中验证舰炮工作的可靠性，其振动幅值、频率、时间以舰炮工作时受到的实际振动为依据。

舰炮部件的振动试验也可在实验室进行，振动应力施加时，要使舰炮部件所产生的振动响应类似于现场实际的振动响应(注意受振产品、安装架、振动台之间的振动传递)。其工作循环和振动应按 GJB 899—90 附录 B 施加。

(3) 温度和湿度应力。

在舰艇上试验时以自然环境应力作为试验的温度、湿度应力，综合考虑舰炮使用中所处的地域和季节。一般高温试验在南海的七、八月份，低温试验在黄海的十二月和一月份。舰炮工作循环依据舰炮使命任务确定。

在实验室时区分装备所处环境有温度控制和无温度控制两种情况，尽可能模拟舰炮在现场使用中的温度、湿度环境应力。包括起始温度(热浸、冷浸)，接通电源的预热时间，工作温度的范围、变化率及变化频率(推荐在空调室内的工作环境温度为 20℃，无空调室则为 40℃)，每一任务剖面中的温度循环次数。

(4) 舰炮工作循环。

舰炮工作循环依据舰炮使命任务确定，区分应对一批目标和多批目标，模拟现场使用情况。

4) 任务剖面转化成环境剖面

(1) 环境剖面中温度应力。

主要考虑冷天、热天、地区，有、无空调及其冷却等有关使用条件。

(2) 环境剖面中湿度应力。

主要取决于设备工作场合的环境，其中舰船较复杂，要对湿度不断控制。

(3) 环境剖面中振动应力。

它主要取决于各类装备中发动机工作的影响以及舰船航行颠簸作用的影响，还有设备的位置和固定方式等的影响。

以上三种应力的计算、取值和参考应力可详见 GJB 899—90 的附录 B。

5) 环境剖面转化成试验剖面

舰炮的环境剖面中，振动和电应力在任务期间相对单一，而温度和湿度应力应考虑舰炮所在地域和季节的差异，环境剖面转化为试验剖面时要有冷循环和热循环。试验条件应模拟相应任务期间的实际应力，试验剖面、环境剖面和任务剖面之间呈对应关系。若任务剖面时间短，要按一一对应关系，则试验剖面时间历程也很短，如果只有 10min 至 20min 左右，则试验剖面中各应力短时频繁变化，就会难于实现且无必要，也需要进行处理，可将试验剖面循环加大至 4h～8h 施加的时间长度，即将各剖面时间进行加权，各阶段按比例增长时间。

舰炮属于水面舰船设备，从结构安装上可分为舰船外部安装设备、舰船内部安装设备及舰船内部安装设备(温度受控)的试验剖面，均有表示冷天和热天温度的冷循环剖面和热循环剖面。图 2-2 为舰炮外部设备在实验室试验时一个完整的综合应力试验剖面的示意图。

一个完整的综合应力试验剖面图一般应包括电应力、温度应力、湿度应力、振动应力、各循环中应力上下限、标称值及施加时间等方面内容。

上述有冷循环剖面和热循环剖面的设备在进行试验时，可先进行若干循环的冷循环剖面，再进行若干热循环剖面，也可分三次完成试验，由冷循环后再做热循环，最后再做若干循环的冷循环剖面试验。按照使用情况，这里不需要冷—热循环交叉进行。整个试验过程，连续重复这种循环。

为了使合成试验剖面尽可能模拟现场使用的实际环境中的主要应力，应尽可能使用实测应力作为确定综合环境应力试验条件的基础。实测应力是根据舰炮在使用中执行典型任务剖面时，在舰炮的安装位置处测得的振动、温度、湿度数据和电应力数据，经分析处理后得到的应力。舰炮安装位置的应力受使用条件的影响，不同时间段、不同任务时期都有较大的不同，例如主炮位的振动应力受到舰艇航行航速、摇摆、其他装备运行、发射等条件的影响。在制定试验剖面时要进行分类分析，在综合分析的基础上寻找最为典型的试验剖面。舰炮试验分为陆上试验和海上试验，陆上试验时应施加接近舰艇的环境应力，而模拟接近舰艇的环境应力不仅难度大而且投入高，一般在舰炮陆上试验时不单独施加。海上试验时以真实环境应力作为试验剖面的应力水平。舰炮电气的实验室例

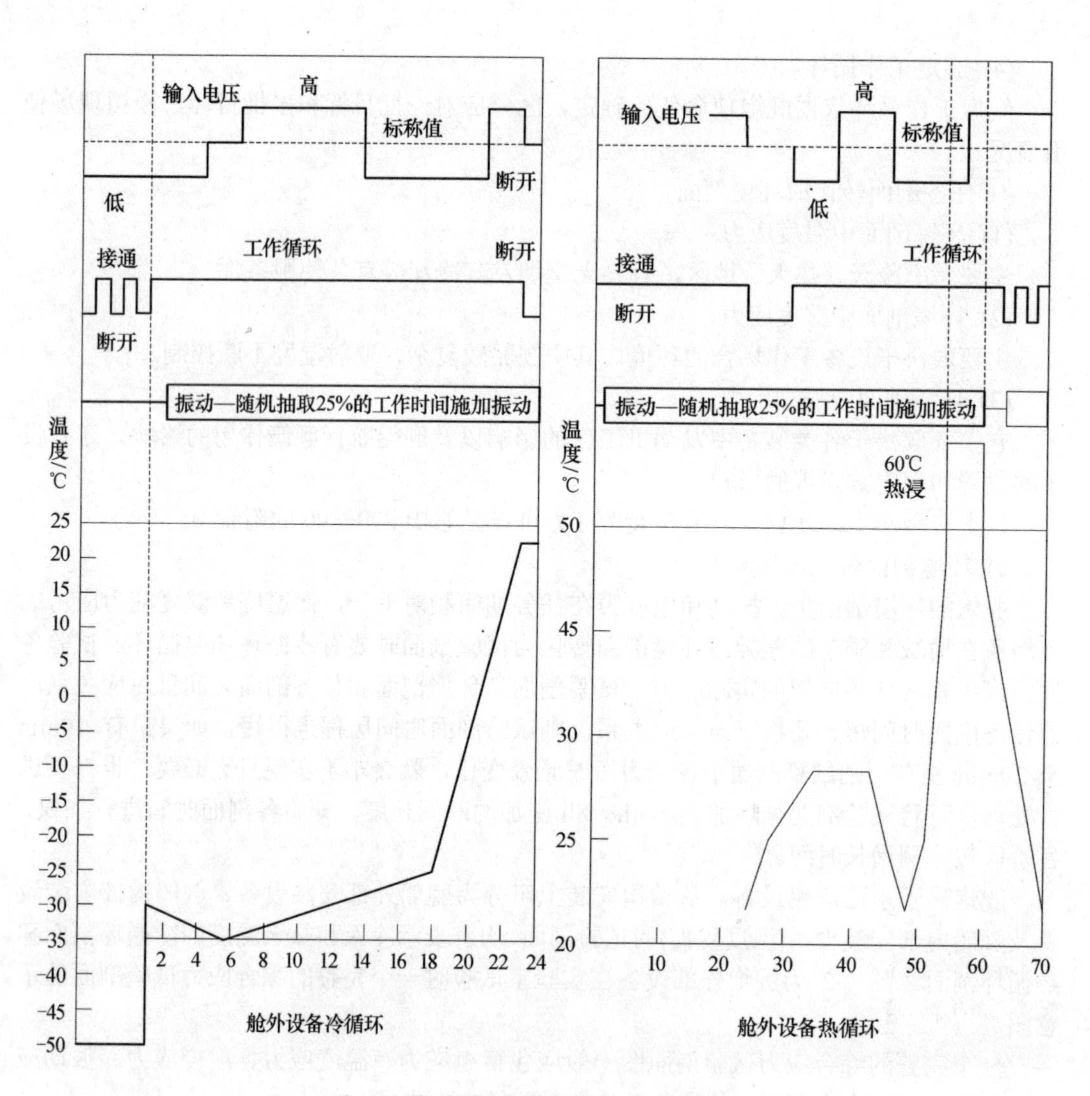

图 2-2　舰炮外部设备综合应力试验剖面

行试验可作为舰炮可靠性试验的试验项目，在进行舰炮电气的例行试验时如得不到实测应力，则可以用相似用途的产品在相似任务剖面、相似位置测得的数据经处理后得到的“估计应力”。估计应力也得不到时，则可用 GJB899 提供的参考应力。

必须指出，即使在可靠性验证试验时得不到实测应力，则仍需争取测得实测应力。如其后测到的实测应力与验证试验时的估计应力或参考应力有较大误差时，可靠性验证试验的结论就是不可信的。

舰炮在实际使用中的温度、湿度、振动、射击条件等应力条件非常复杂，试验中考虑效费比，各种应力一般不单独施加。所以在舰炮外场试验时往往以舰艇、阵地现有条件进行，陆上试验时若有条件施加应力，作用的应力参数应尽可能模拟与舰上基本相同的条件。

3. 性能监测点及监测周期

上面已提到在可靠性验证试验过程中需对受试设备的性能参数进行监测或安排若干监测时间点。

舰炮可靠性鉴定或验收试验一般作为定型或批检试验的一个试验项目，因此可靠性试验性能监测与定型试验结合进行。目前舰炮电气的测控实现了自动化控制和检测，因此舰炮电气系统的监测是全程的，可以检查试验全过程的电气系统技术状态，不用设置专门的检测点。舰炮机械如自动机、弹鼓、炮架等不能全部实现全程、全自动化检测，在试验中需要设置性能监测点。

在舰炮定型试验方案设计时以精度、可靠性和寿命试验为主线，循环安排试验项目。一般分为前期、中期、后期三个阶段。试验前期确定舰炮的初始技术状态，在每个阶段结束后进行舰炮技术检查，检查舰炮关重件(关键和重要零件)是否有磨损、变形、裂纹等，监测舰炮的技术状态，同时在每个试验项目完成后，对舰炮机械部分在不分解的情况下进行检查，及时发现试验中舰炮的故障，因此，舰炮机械部分的可靠性试验性能监测点可与舰炮定型试验结合进行。有条件时，尽可能采用自动监测设备，以便得到受试设备发生故障时的准确时间。

监测点设置不宜过多，监测点过多测量的工作量太大，也无必要；测量点也不能太少，这样记录就不精确，因不能确定这次故障发生时的应力情况，给故障分析带来麻烦，在不能确定故障发生的准确时间时，则认为故障是上一次记录时发生的。

4. 故障判断准则

故障是指舰炮或舰炮的一部分不能完成规定功能的事件或状态。从试验的角度看，故障是指原先为合格的舰炮在规定的条件下，其中一个或几个功能丧失，或其战术技术指标、技术参数超过了允许范围，同时也指机械部件与结构零件的破裂、断裂、损坏或磨损，电子元器件的损坏等。

独立故障是指在舰炮出现故障时证明是由于舰炮零部件、元器件损坏或性能不稳定而出现的故障，此故障不是由参试设备引起的故障。从属故障是由参试设备引起的舰炮故障。在使用中也有可能因操作不当或超出规定能力使用造成舰炮故障，此类故障称为误用故障。

从属故障、误用故障和通过设计改进已纠正的故障称为非关联故障，否则称为关联故障。

非关联故障或事先规定不属于本次试验考核范围内的关联故障称为非责任故障，否则称为责任故障。

对试验中出现的故障分类记录，并将故障分为关联故障和非关联故障，将关联故障进一步分为责任故障和非责任故障。所有故障信息全部作为舰炮保障性分析的基础数据。试验中出现的关联的独立故障以及由此引起的任何从属故障，只算作一次责任故障，同时发生的两个或两上以上独立故障，若不是关联故障则应分别记录。每一次出现故障后，记录故障现象，分析故障原因，确定故障类别，最后由生产方和试验中的故障审查组组长签字。责任故障是判决被试品合格与否的依据，而非责任故障不能作为判决被试品合格与否的依据。

就舰炮系统可靠性鉴定试验而言，在规定的任务剖面下和规定的射击弹数内，舰炮可靠性试验中故障的统计原则如下：

(1) 零件变形、磨损、破损引起的舰炮故障均属责任故障；

(2) 因电子元器件短路、断路、误动作等引起的舰炮故障均属责任故障；

(3) 同一故障现象或不同故障现象，未查出原因或由多种原因诱发的故障，每一故障原因记为一次责任故障；

(4) 重要参数超出指标规定范围时，每项独立参数为一次责任故障；

(5) 原因明确的故障多次出现，只计算一次；

(6) 因零部件和电子元器件已达寿命而未更换引起的故障为非责任故障；

(7) 因设计上的缺陷重复出现的故障，更改设计后充分验证不再出现的为非关联故障，即为非责任故障；

(8) 因装备调整不当和误操作引起的故障为非责任故障。

以上故障统计原则仅供参考，在舰炮的可靠性试验前使用方和生产方可根据具体情况协商确定详细的故障判别准则。

5. 故障处理准则

(1) 记录试验中发生的所有故障；

(2) 发生故障时更换所有有故障的零部件，但不能更换性能虽已恶化但未超出允许容限的零部件；

(3) 经维修恢复到可工作状态，且证实其维修有效后方可继续试验；

(4) 不经允许不能随意更换未出现故障的零部件、模块、插板等；

(5) 试验期间只允许进行规定的预防性维修，不能随意更改系统的技术状态；

(6) 对于出现的故障由生产方提出故障分类意见，并由试验鉴定部门批准认可。

6. 合格与否的判决标准

合格与否的判决标准是：在舰炮系统完成试验方案规定的射击弹数(或工作时间)并按故障统计准则进行统计后，依据试验的射击弹数(或工作时间)和总的责任故障数与试验方案中规定的接收或拒收的标准进行比较来确定舰炮系统可靠性是否合格。

7. 提交的资料

除设计定型试验提供的资料外，另外还必须提供：

(1) 可靠性保障大纲；

(2) 故障模式、影响、危害度分析报告；

(3) 进场前的故障报告；

(4) 进场调试完后的可靠性预计报告。

8. 试验文书

试验前制定试验大纲，设计试验方案和制定试验计划，形成相关试验文书，试验文书的格式可参考相关标准。试验大纲主要内容有：试验依据、可靠性试验性质、可靠性试验目的、可靠性试验时间、可靠性试验地点、可靠性试验条件、可靠性试验方案、可靠性试验数据处理方法、可靠性试验评价标准、试验组织分工、试验保障。试验大纲由承担试验的单位(一般是国家靶场)与被试单位在充分沟通的基础上制定，经评审后报有关部门审批。

第二节　舰炮可靠性试验大纲及试验报告

舰炮可靠性试验大纲是试验的重要依据，编写内容要求简捷明了，充分考虑靶场的试验能力和保障条件，保证每个试验项目的可操作性，力争做到全面、严格、科学、合理，确保达到试验目的。

试验大纲和试验结果报告的构成主要有概述要素、技术要素和补充要素三部分。概述要素有封面、辑要页、目次、正文首页。试验大纲的技术要素有大纲编写依据、试验性质、试验目的、试验时间、试验地点、试验条件、试验项目、试验方案、评定标准、保障条件等内容。试验结果报告的技术要素有试验概况、试验结果分析与评定、存在的主要问题、结论与建议等四项内容。

一、可靠性试验大纲

根据舰炮可靠性统计试验性质的不同，试验大纲主要分为可靠性鉴定试验大纲、可靠性验收试验大纲(批检试验大纲)。舰炮可靠性鉴定、批检试验大纲由国家靶场制定，并征求研制部门的意见，靶场接到上级主管部门下达的战术技术任务书和评定标准后，组织技术人员到研制单位调研学习，熟悉被试品的结构原理、性能和操作使用，全面掌握舰炮的技术状态，为试验大纲编写做好充分的准备。舰炮可靠性工程试验在装备研制阶段进行，如可靠性筛选、可靠性增长试验，此类大纲由生产责任单位编写，但需征求各参试单位的意见，特别是靶场的意见，确保试验大纲的实施。本节主要对舰炮可靠性统计试验大纲的编写进行介绍。

试验大纲内容主要有：可靠性试验大纲编写依据、可靠性试验性质、可靠性试验目的、可靠性试验时间、可靠性试验地点、可靠性试验条件、可靠性统计试验方案、测试检查项目、故障判断准则、故障处理准则、可靠性试验数据处理方法、可靠性试验评价标准、试验组织分工、试验保障、其他需说明的问题。

1. 可靠性试验大纲编写依据

可靠性试验大纲编写依据主要有上级下达的试验任务、研制总要求、可靠性保证大纲、可靠性试验军用标准等。

2. 可靠性试验性质、目的、时间、地点

舰炮可靠性统计试验的性质主要有可靠性鉴定和可靠性验收，可靠性鉴定试验的目的是为舰炮设计定型提供依据，考虑到效费比一般结合舰炮定型试验进行，特殊情况下也可单独实施。可靠性验收试验的目的是检验舰炮批的可靠性合格品率，确定批可靠性生产质量，对批进行验收，一般结合舰炮批检试验进行。这两项试验都必须在国家靶场进行。

3. 可靠性试验条件

可靠性试验条件包括受试舰炮条件、参试设备条件、试验应力条件等，这些条件应在试验大纲中加以明确。

鉴定试验条件应包括工作条件、环境条件及预防性维修方面的条件。选择试验条件主要应考虑的因素有：

(1) 进行可靠性鉴定试验的基本理由；

(2) 使用条件预期的变化；

(3) 不同应力条件引起故障的可能性；

(4) 不同试验条件所需的试验费用；

(5) 可供使用的试验设施；

(6) 可以利用的试验时间；

(7) 预期的可靠性特征随试验条件变化的情况。

如果试验目的是从安全角度来看临界值，则在选择试验条件时，不能排除任何重要的最严酷的使用条件；如果为了证明舰炮在正常使用条件下的可靠性水平，则应选择有代表性的试验条件；如果试验目的仅在于与同类装备进行比较，则应采用接近使用中极限应力水平的试验条件。在任何情况下应力水平不超过舰炮设计所能承受的极限水平。

4. 可靠性统计试验方案

可靠性统计试验方案是试验大纲的重要内容，是试验数据采集的重要依据。

舰炮可靠性鉴定试验和可靠性验收试验是抽样检验。试验性质决定都是从母体中抽取一定的样本进行试验，用样本的可靠性对新研制的舰炮、生产的舰炮批做出可靠性水平的判定，使用方和生产方均要承担一定的风险。统计试验方案很多，可靠性验收试验用计数验证试验方案，常用的有小批量方案(超几何分布)、大批量方案(二项式分布、泊松近似分布)、GJB 179 计数抽样方案、序贯二项试验方案等。可靠性鉴定试验用计量验证试验方案，常用的有定时截尾试验方案(指数分布、正态分布、威布尔等)、定数截尾试验方案(指数分布、正态分布、威布尔分布)、序贯试验方案(指数分布、正态分布等)、贝叶斯序贯试验方案。

所谓计数验证试验就是确定合格品数，特别是批的合格数；计量验证试验就是验证舰炮的可靠性水平，确定是否满足设计要求。

在可靠性鉴定试验时，被试舰炮为正样机，经过研制厂(所)认真研制、精心调试、严格检查，根据定型需要一般要求提供一到两座作为被试舰炮，被试舰炮能够代表此型舰炮的性能，利用这一两座舰炮进行抽样试验，然后是统计验证。

在可靠性验收试验中首先应是计数抽样，一般是在生产批中抽取具有代表性的舰炮，然后是对所抽取舰炮样本的统计试验。

接下来在舰炮可靠性试验中究竟采用哪种统计试验方案，要根据舰炮特性、试验目的、试验允许时间、试验经费及试验设备等综合考虑确定。例如对舰炮批量小的批检验时，采用小批量计数验证试验方案。对火炮引信发火可靠性试验，就可采用大批量计数验证试验方案。如果验证舰炮射击的平均故障间隔弹数或电气系统平均故障间隔时间，且知道服从某一特定分布，则采用计量验证试验方案中对应分布的试验方案。其中若要求通过试验对舰炮达到的可靠性水平做出估计，如若需要对舰炮射击的平均故障间隔弹数或电气系统平均故障间隔时间等具体指标做出点估计或区间估计时，则常采用定时截尾试验方案。若仅要求通过试验对某批产品的可靠性水平作出接受或拒收判决时，采用序贯试验方案。在各种试验方案选择中不是唯一的，而是上述几方面综合考虑做出的选择。

另外，在样本容量的确定上，无论选用固定样本，还是选序贯试验，所要求的观测数量必须与所要求的鉴别比紧密相连。通常：

(1) 鉴别比越小，要求的样本容量越大；

(2) 规定的风险率α，β越小，要求的样本量n就越大。

样本容量、试验时间(射击弹数、工作次数)与鉴别比、生产方风险、使用方风险相关；鉴别比越小，舰炮可靠性指标的上限值和最低可接收可靠性值越接近，在双方风险一定的条件下需投入的试验样本越多，这就必须增加试验投入(人力、弹药、时间)，同样需要双方在经费、人力、弹药及时间上做出综合考虑后决策。

现行的许多标准GB 5060.7《恒定失效率假设下的失效率与平均无故障时间的验证试验》，GJB 899《可靠性鉴定和验收试验》，KB 31—90《军用光学仪器可靠性试验》等给出了标准方案或推荐方案供选择，一般不需要自行设计新方案。在无适合的方案供选择时，可由技术人员设计统计试验方案，设计原理和方法见本章第二、三节。

5. 可靠性试验大纲中的其他内容

舰炮可靠性试验大纲中还应明确测试检查项目、故障判断准则、故障处理准则、可靠性试验数据处理方法、可靠性试验评定标准等内容，作为约束使用方和生产方的技术要求，具体内容在第一节中已经介绍，在此不再累述。

二、可靠性试验结果分析报告

可靠性试验结果报告是对试验成果的总结，是舰炮定型、鉴定的重要依据。试验技术负责人应在对试验数据深入分析研究的基础上，科学、合理、严格地给出试验结果和结论。

试验结果报告分为主件和附件两部分，主件又分三部分，一是前言，二是试验内容及结果，三是结论和建议。附件包括详细的测量检查数据、试验数据及故障报告表、故障统计表及有关的表格、曲线、图、照片等。

前言部分要简要叙述，主要内容有试验依据、任务代号、试验对象、试验性质、试验目的、被试装备、参试设备、试验起止时间、试验地点、技术准备情况、试验项目、试验条件、参加试验的单位、动用的人力物力、消耗的弹药等。

试验内容及结果是主件的主体，要对试验情况、数据及结果进行详细的表述。一般分三方面内容：

(1) 舰炮可靠性试验情况及数据归纳，主要包括舰炮可靠性试验的试验项目、内容，试验中可靠性方面出现的主要问题及详细分析说明。统计试验中所有故障，并将故障进行分类，列出所有责任故障。

(2) 试验结果与评价，此项分两个方面内容：一是可靠性定量试验结果和评定，该部分按批准的试验大纲和实际试验情况，根据责任故障数和合格判据，给出舰炮可靠性是接收还是据收的结论，计算可靠性点估值、区间估计和置信度；二是可靠性定性试验结果和评定，根据试验情况对可靠性定性要求的内容进行评价。

(3) 存在的主要问题，在此部分对试验中出现的主要故障、问题和舰炮不合格项进行分析，说明原因。

试验结论和建议是试验结果报告主件的最后一部分，结论和建议分别叙述。

结论部分首先应对舰炮达到的可靠性定性和定量要求进行综合评价，给出舰炮可靠性是否达到指标要求的结论。

建议部分要在与生产部门充分协商的基础上合理提出，不能提一些不可能实现的建议，也没有必要提对舰炮可靠性提高没有作用的建议，研制生产单位采纳建议后应能对舰炮可靠性提高起到重要的作用。

附件部分主要是试验的详细数据，以表格、曲线、图、照片等形式进行表述。一般包括试验故障统计表、责任故障统计表、故障原因分析。

第三节　舰炮可靠性鉴定试验方案

舰炮可靠性鉴定试验一般在设计定型阶段进行，试验目的是验证舰炮的可靠性是否达到了规定要求，给出验证可靠性的估计值，为使用方提供合格证明，舰炮可靠性鉴定试验结论是定型的重要依据。

可靠性统计试验方案是试验和评价的理论依据，试验前在试验大纲中需要加以明确。舰炮可靠性鉴定试验属于计量验证试验，按截尾方式分类有定时截尾和定数截尾试验方案。定时截尾试验是指事先规定试验时间(也可以是射击弹数、试验次数、运行次数等)，统计试验中出现的责任故障等试验数据，利用试验数据评估可靠性特征量，判决产品可靠性是否合格，对舰炮射击可靠性而言就是累计射击弹药数，对舰炮电气系统而言就是工作时间；定数截尾试验方案是指事先规定试验截尾的故障数，利用试验数据评估可靠性特征量，判决产品可靠性是否合格。按寿命分布分类有指数分布、正态分布、威布尔、二项分布等。本节重点介绍寿命服从指数分布、二项分布的舰炮可靠性鉴定试验方案设计原理。

一、指数寿命型可靠性鉴定试验方案

指数分布统计试验方案中的参数：

θ_0——MTBF 检验上限值。是可以接收的平均故障间隔时间值。当被试设备的 MTBF 真值接近 θ_0 时，指数分布标准型试验方案以高概率接收该设备。

θ_1——MTBF 检验下限值。是低概率接收的平均故障间隔时间值。当被试设备的 MTBF 真值接近 θ_1 时，指数分布标准型试验方案以低概率接收该设备。

d——鉴别比。对指数分布试验方案有：

$$d = \theta_0 / \theta_1 \tag{2-1}$$

α——生产方风险。当被试设备的 MTBF 真值等于或大于 θ_0 时被拒收的概率。此概率应低于 α。

β——使用方风险。当被试设备的 MTBF 真值等于或小于 θ_1 时被接收的概率。此概率应低于 β。

生产方风险和使用方风险都是由抽样样本不能真正代表总体造成的。

1. 指数寿命型定时(定弹药数)试验方案

假设舰炮系统的寿命是指数分布。现准备 n 发弹进行可靠性试验，到 n 发弹射击完毕，共出现 r 次故障，如 $r \leqslant c$(接收故障数)，则认为舰炮的可靠性满足要求；如 $r > c$ 则认为不满足要求。

下面来推导指数寿命型定弹药数试验方案的数学模型。

设舰炮系统的可靠性为 $R(n)$，不可靠性为 $F(n)$，则有

$$F(n) = 1 - R(n) \tag{2-2}$$

由于舰炮系统的寿命是指数分布(假设)，即

$$
\begin{aligned}
R(n) &= \mathrm{e}^{-\lambda n} \\
F(n) &= 1-\mathrm{e}^{-\lambda n}
\end{aligned} \tag{2-3}
$$

射击到 n 发时，出现 r 个故障的概率为

$$
L(\lambda)=\sum_{r=0}^{c}\binom{n}{r}F(n)^{r}R(n)^{n-r} \tag{2-4}
$$

$r \leqslant c$ 被接收的概率为

$$
P(n,r\mid\lambda)=\binom{n}{r}F(n)^{r}R(n)^{n-r} \tag{2-5}
$$

对舰炮系统而言，故障率 λ 较小，一般在 1%以下，所以有

$$
\begin{cases}
R(n)=\mathrm{e}^{-\lambda n}=1-\lambda n+\dfrac{1}{2!}\lambda^{2}n^{2}-\cdots\approx 1-\lambda n \\
F(n)=1-\mathrm{e}^{-\lambda n}\approx\lambda n
\end{cases} \tag{2-6}
$$

所以舰炮系统被接收的概率可近似表示为

$$
L(\lambda)=\sum_{r=0}^{c}\binom{n}{r}(\lambda n)^{R}(1-\lambda n)^{n-r} \tag{2-7}
$$

在 λn 很小时，二项概率可用泊松概率近似，即

$$
L(\lambda)=\sum_{r=0}^{c}\mathrm{e}^{-\lambda n}\frac{(\lambda n)^{r}}{r!} \tag{2-8}
$$

由于失效率恒定，即舰炮寿命为指数型，所以

$$
\lambda=1/\theta \tag{2-9}
$$

式中　θ——故障间隔发数。

故接收概率为 θ 的函数为

$$
L(\theta)=\sum_{r=0}^{c}\left(\frac{n}{\theta}\right)^{r}\frac{\mathrm{e}^{-\frac{n}{\theta}}}{r!} \tag{2-10}
$$

设使用方要求的最低的故障间隔发数为 θ_1，对应的使用方风险为 β，使用方期望的故障间隔发数为 θ_0，对应生产方风险为 α。

在双方确定好 θ_0、θ_1、α、β 之后，为使双方满意，应有

$$
\begin{cases}
L(\theta_0)=1-\alpha \\
L(\theta_1)=\beta
\end{cases} \tag{2-11}
$$

其中：

$$
\begin{cases}
L(\theta_0)=\displaystyle\sum_{r=0}^{c}\left(\frac{n}{\theta_0}\right)^{r}\frac{\mathrm{e}^{\frac{-n}{\theta_0}}}{r!} \\
L(\theta_1)=\displaystyle\sum_{r=0}^{c}\left(\frac{n}{\theta_1}\right)^{r}\frac{\mathrm{e}^{\frac{-n}{\theta 1}}}{r!}
\end{cases} \tag{2-12}
$$

即

$$\begin{cases} 1-\alpha = \sum_{r=0}^{c}\left(\frac{n}{\theta_0}\right)^r \frac{e^{\frac{-n}{\theta_0}}}{r!} \\ \beta = \sum_{r=0}^{c}\left(\frac{n}{\theta_1}\right)^r \frac{e^{\frac{-n}{\theta 1}}}{r!} \end{cases} \tag{2-13}$$

由于θ_0、θ_1、α、β、d事先已经确定，根据上面的公式编写程序，上机解算，可得到n和c，n可以是射击弹药数、试验次数、试验时间等，c是判决故障数。常用的试验方案已经形成标准，可以查用。

在试验方案设计时，试验参数有的在研制任务书中已经明确，没有明确时由生产方和使用方权衡利弊、综合各种试验条件后，根据确定的θ_0、θ_1选择合适的α、β和d。推荐试验方案见表 2-1。

表 2-1　定时截尾试验方案表

方案序号	风险率标称值/%		鉴别比	试验时间、弹数或里程等	判别标准(故障数)	风险率真值/%	
	α	β	$d=\frac{\theta_0}{\theta_1}$	θ_1的倍数	接收数(r<)	α	β
1	10	10	1.5	45.0	37	12.0	9.0
2	10	20	1.5	29.9	26	10.9	21.4
3	20	20	1.5	21.1	18	17.8	22.1
4	10	10	2.0	18.8	14	9.6	10.6
5	10	20	2.0	12.4	10	9.8	20.9
6	20	20	2.0	7.8	6	19.9	21.0
7	10	10	3.0	9.3	6	9.4	9.9
8	10	20	3.0	5.4	4	10.9	21.3
9	20	20	3.0	4.3	3	17.5	19.7
10	30	30	1.5	8.0	7	29.8	31.3
11	30	30	2.0	3.7	3	28.8	28.5
12	30	30	3.0	1.1	1	30.7	33.3

表中方案 1～9 为标准试验方案，10～12 为短时高风险试验方案。一般情况下采用标准定时试验方案，只有当试验经费、周期等不允许采用标准试验方案时才采用高风险率的试验方案。采用高风险率试验方案，生产方和使用方所承担的风险增高、试验周期缩短、试验结果的可信度下降。

例如，某型舰炮研制任务书中已明确最低可接收的故障间隔发数为 500 发，置信度为 60%，定型试验计划用弹量为 2000 发，试确定可靠性试验方案的主要参数。

置信度为 60%，则使用方风险为 20%，采用风险双方共担原则，则生产方风险也为

20%，设鉴别比为 2，检验上限为 1000 发，用弹量为 500×7.8＝3900 发，在结合定型试验的同时需增加可靠性试验用弹 1900 发。设鉴别比为 3，检验上限为 1500 发，用弹量为 500×4.3＝2150 发，用弹量与定型试验基本相符，在结合定型试验的情况下不用单独增加太多的弹药，有利于节约经费，所以采用表 2-1 中试验方案 9。

2. 定数截尾试验方案

定数就是定故障数，即试验到确定的故障数时停止试验，比较样本可靠性(或失效率)的观测值与试验方案确定的判决标准的大小，可靠性满足要求为合格，否则应拒收。试验方案设计步骤如下。

(1) 确定截尾故障数。

查 χ^2 分布表，求 r 满足 $\dfrac{\chi^2(2r,\beta)}{\chi^2(2r,1-\alpha)} \leqslant \dfrac{\theta_0}{\theta_1} = d$ 条件的整数，最小 r 即为定数截尾试验规定的故障数。

(2) 确定合格判据。

$$\theta_{判} = \frac{\theta_0 \chi^2(2r,1-\alpha)}{2r} \tag{2-14}$$

(3) 计算样本观测值。

试验中设备出现失效时，记录每次失效时的工作时间 t_i，修复后继续试验，直到规定的失效次数停止试验。计算发生 r 次责任故障时的可靠性点估计。

$$\hat{\theta} = \frac{\sum_{i=1}^{r} t_i}{r} \tag{2-15}$$

(4) 评定。

若 $\hat{\theta} \geqslant \theta_{判}$ 时，则判定为合格，否则为不合格。

3. 定时试验方案中故障加权时试验方案设计

对舰炮射击可靠性而言，定时试验方案就是定弹药数试验方案。在方案设计中，有时需要对故障进行加权处理，对不影响射击的故障根据对舰炮完成使命任务的影响程度划分级别。一般根据责任故障对舰炮完成规定功能的影响程度划分为致命故障、一级故障、二级故障、三级故障。致命故障是致使人员伤害或舰炮毁坏的故障，发生此类故障立即终止试验，作不合格处理；一级故障为丧失全部或主要功能的故障，权数定为 1；二级故障为丧失次要功能或主要功能退化的故障，权数定为 0.5～0.7；三级故障为不影响舰炮完成规定功能的故障，权数定为 0.1～0.2。例如，舰炮位置显示信号不正常，可计为 0.1，瞄准随动系统跟踪非射击点瞬时超差计为 0.6。具体的权数由使用方和生产方根据舰炮特性、使命任务等在试验前确定。这时试验方案的设计方法如下。

设舰炮进行射击弹数为 n 的可靠性试验，射击过程中出现责任故障数 r 恰等于 c 次，故障数 r 服从泊松分布，则射击 n 发出现 c 个责任故障的概率为

$$\sum_{r=0}^{c} \frac{(n/\theta)^r}{r!} \mathrm{e}^{-n/\theta} \tag{2-16}$$

若舰炮射击故障间隔发数期望值等于检验值的上限值θ_0，则舰炮被拒收时生产方承担的风险不应大于α，即

$$1-\sum_{r=0}^{c}\frac{(n/\theta_0)^r}{r!}\mathrm{e}^{-n/\theta_0}\leqslant\alpha \tag{2-17}$$

整理得

$$\sum_{r=0}^{c}\frac{(n/\theta_0)^r}{r!}\mathrm{e}^{-n/\theta_0}\geqslant 1-\alpha \tag{2-18}$$

若舰炮射击故障间隔发数期望值等于检验值的下限值θ_1，则舰炮被接收时使用方承担的风险不应大于β，即

$$\sum_{r=0}^{c}\frac{(n/\theta_1)^r}{r!}\mathrm{e}^{-n/\theta_1}\leqslant\beta \tag{2-19}$$

可以证明下式成立：

$$\sum_{r=0}^{c}\frac{(n/\theta)^r}{r!}\mathrm{e}^{-n/\theta}=\int_{2n/\theta}^{\infty}\frac{1}{\Gamma(a+1)}\left(\frac{r}{\theta}\right)\cdot\mathrm{e}^{-\frac{r}{\theta}}\mathrm{d}\left(\frac{r}{\theta}\right)=\int_{2n/\theta}^{\infty}g(r)\mathrm{d}r \tag{2-20}$$

若$2c$是正整数，$g(r)$是自由度为$2c+2$的χ^2分布密度函数(χ^2分布分位数表见附录一)，积分下限由下式确定

$$\begin{cases}2n/\theta_0\leqslant\chi^2{}_{2c+2,1-\alpha}\\2n/\theta_1\geqslant\chi^2{}_{2c+2,\beta}\end{cases} \tag{2-21}$$

整理得

$$\frac{\chi^2{}_{2c+2,\beta}}{\chi^2{}_{2c+2,1-\alpha}}\leqslant d \tag{2-22}$$

由式(2-22)可以确定$2c$为正整数时试验方案中风险率、鉴别比、判决故障数之间的关系。使用时查附录一的χ^2分布分位数表。

若$2c$不是正整数，$g(r)$是自由度为$c+1$的Γ分布密度函数(Γ分布密度函数表见附录二)，积分下限由下式确定

$$\begin{cases}n/\theta_0\leqslant\Gamma_{1-\alpha}(c+1)\\n/\theta_1\geqslant\Gamma_{\beta}(c+1)\end{cases} \tag{2-23}$$

整理得

$$\frac{\Gamma_{\beta}(c+1)}{\Gamma_{1-\alpha}(c+1)}\leqslant d \tag{2-24}$$

由上式可以看出在给定双方风险α、β和鉴别比d时，可以根据式(2-24)找到合适的射击弹数n和责任故障数c。推荐试验方案见表2-2。更多方案查附录二的Γ分布分位数表。

表 2-2 故障加权时定时截尾试验方案表

方案序号	风险率标称值/%		鉴别比	试验时间、弹数或里程等	判别标准(故障数)	风险率真值/%	
	α	β	$d=\frac{\theta_0}{\theta_1}$	θ_1的倍数	接收数($c<$)	α	β
1	10	10	2.0	19.0031	13.0	10	10
2	10	20	2.0	12.7082	9.1	10	20
3	20	10	2.0	13.3292	8.2	20	10
4	20	20	2.0	8.1506	5.2	20	20
5	10	10	3.0	9.0243	4.8	10	10
6	10	20	3.0	5.9342	3.3	10	20
7	20	10	3.0	6.3978	2.7	20	10
8	20	20	3.0	3.8356	1.6	20	20
9	30	30	2	3.1496	1.6	30	30
10	30	30	3	1.4587	0.2	30	30

当试验结论为接收时，考虑下次射击可能出现故障，用故障数$r+1$确定置信下限的估计，推荐置信度$C=1-2\beta$，试验统计故障数用r表示，则

若$2c$是正整数置信区间为
$$\frac{2n}{\chi^2_{2r+2,\beta}}\leqslant\bar{\theta}\leqslant\frac{2n}{\chi^2_{2r,1-\beta}}$$

若$2c$不是正整数置信区间为
$$\frac{n}{\Gamma_{\beta}(r+1)}\leqslant\bar{\theta}\leqslant\frac{n}{\Gamma_{1-\beta}(r)}$$

例如在研制任务书中明确要求某型舰炮射击可靠性需达到：故障间隔发数最低可为1500发，检验上限为3000发，鉴别比为2，试确定故障加权时试验方案参数。

已知：$\theta_0=3000$发，$\theta_1=1500$发，$d=2$。

由于受到弹药限制，计划采用$\alpha=\beta=30\%$高风险率试验方案，有
$$\frac{\Gamma_{0.3}(c+1)}{\Gamma_{0.7}(c+1)}\leqslant 2$$

当$c=1.6$时，有
$$\frac{\Gamma_{0.3}(2.6)}{\Gamma_{0.7}(2.6)}=\frac{3.149562}{1.581917}=1.99\leqslant 2$$
$$n=3.149562\times\theta_1=4724.3(\text{发})$$

为保证订购方利益，试验用弹取整数4725发，判决故障数为不大于1.6个。

若试验数据为：截止到射击4725发时，发生责任故障5次，其中二级故障2次，三级故障3次。根据试验数据对该型舰炮达到的可靠性水平进行评价。

根据事先约定的加权系数，二级故障加权系数$k_2=0.5$，三级故障加权系数$k_3=0.2$，计算加权责任故障数：

$$r=\sum_{i=1}^{n}(k_i \cdot r_i)=2\times 0.5+3\times 0.2=1.6\,(个)$$

确定责任故障数 r 为 1.6 个，等于判决故障数 c，结论为接收，认为该型舰炮的可靠性满足指标要求。点估计为

$$\hat{\theta}=n/r=4725/1.6=2953\,(发)$$

区间估计为

$$\hat{\theta}_L=\frac{n}{\Gamma_{\beta}(r+1)}=1500\,(发)$$

$$\hat{\theta}_U=\frac{n}{\Gamma_{1-\beta}(r)}=6003\,(发)$$

平均故障间隔发数 MRBF 的验证区间为(1500,6003)(置信度 40%)。

此方案用弹量为 4725 发，得到结论的置信度只有 40%，需要生产方和订购方均承担 30%的风险。如果要降低风险，提高结论的置信度必须增加试验用弹量。

4. 指数寿命型序贯试验方案

定时截尾试验和定数截尾试验是试验前确定试验时间或责任故障次数，合格与否的判定非常明确，但可靠性试验属于抽样试验，由于存在各种随机因素，可能导致试验结论不准确。为解决这一问题人们又研究了序贯比试验理论，其基本思想是：若某段试验时间的故障数低于某一数值，即判定为合格，若高于某一数值则判定为不合格；若在两者之间则继续试验，直到可以做出判断则停止试验。

在不要求对验证可靠性做出点估计时可以使用序贯比试验方案，具有做出判断所需要的平均故障数和平均累积试验时间(试验次数或弹数)少的特点。

在确定了 θ_0、θ_1、α、β 后，可以设计序贯比试验方案的参数。设试验出现 r 次故障时试验时间为 T，此时设备平均寿命为 θ_0 和 θ_1 的概率分别为

$$P(\theta_0)=\left(\frac{T}{\theta_0}\right)^r\frac{\mathrm{e}^{-T/\theta_0}}{r!} \tag{2-25}$$

$$P(\theta_1)=\left(\frac{T}{\theta_1}\right)^r\frac{\mathrm{e}^{-T/\theta_1}}{r!} \tag{2-26}$$

概率比 o_n 为

$$o_n=\frac{P(\theta_1)}{P(\theta_2)}=\left(\frac{\theta_0}{\theta_1}\right)^r\mathrm{e}^{-\left(\frac{1}{\theta_1}-\frac{1}{\theta_0}\right)T} \tag{2-27}$$

根据 Wald 理论，设 A 是一个较大的数，B 是一个较小的数，A、B 分别为

$$A\approx\frac{1-\alpha}{\beta} \tag{2-28}$$

$$B\approx\frac{\beta}{1-\alpha} \tag{2-29}$$

$o_n \leqslant B$ 时，认为 $\theta=\theta_0$，接收。

$o_n \geqslant A$时，认为$\theta=\theta_1$，拒收。

$B \leqslant o_n \leqslant A$时，继续试验。

对以上三种条件进行数学推导可得下面公式

$$\begin{cases} T \geqslant h_0 + kr\text{时}, \theta=\theta_0, & \text{接收} \\ -h_1 + kr < T < h_0 + kr, & \text{继续试验} \\ T \leqslant -h_1 + kr, \theta = \theta_1, & \text{拒收} \end{cases} \tag{2-30}$$

其中

$$h_0 = \frac{\ln \dfrac{1-\alpha}{\beta}}{\dfrac{1}{\theta_0} - \dfrac{1}{\theta_1}} \tag{2-31}$$

$$h_1 = \frac{\ln \dfrac{1-\beta}{\alpha}}{\dfrac{1}{\theta_0} - \dfrac{1}{\theta_1}} \tag{2-32}$$

$$k = \frac{\ln \dfrac{\theta_0}{\theta_1}}{\dfrac{1}{\theta_0} - \dfrac{1}{\theta_1}} \tag{2-33}$$

当$\alpha=\beta$时，$h_0=h_1$。

以试验时间T(或射击弹数、试验次数)为纵坐标，以故障数r为横坐标，建立平面直角坐标系。作斜率为k、截距为$-h_0$和h_1的两条线，同时根据生产方和使用方商定的风险率，计算出最多的试验时间T_t和故障数r_t作为截尾。如图2-3所示。

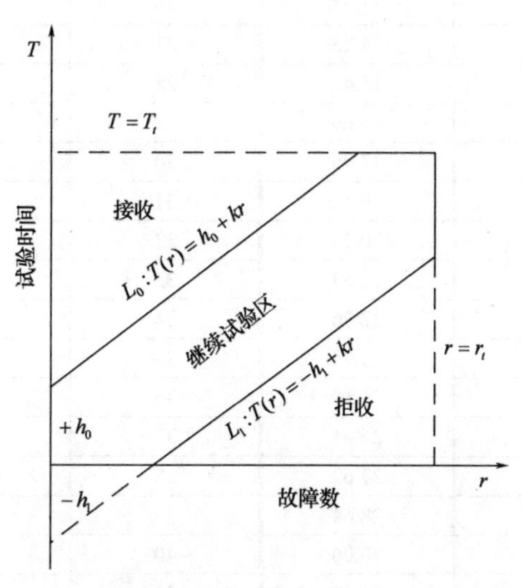

图2-3 指数分布序贯试验的接收区、拒收区和继续试验区

GJB 899 推荐了 8 个序贯试验方案，其中标准方案 6 个，短时高风险方案 2 个，详见表 2-3～表 2-12。

表 2-3　标准序贯试验方案简表

方案号	决策风险/%				鉴别比 $d=\theta_0/\theta_1$	判决标准
	标称值		实际值			
	α	β	α'	β'		
1	10	10	11.1	12.0	1.5	表 2-5
2	20	20	22.7	23.2	1.5	表 2-6
3	10	10	12.8	12.8	2.0	表 2-7
4	20	20	22.3	22.5	2.0	表 2-8
5	10	10	11.1	10.9	3.0	表 2-9
6	20	20	18.2	19.2	3.0	表 2-10

表 2-4　短时高风险序贯试验方案简表

方案号	决策风险/%				鉴别比 $d=\theta_0/\theta_1$	判决标准
	标称值		实际值			
	α	β	α'	β'		
7	30	30	31.9	32.2	1.5	表 2-11
8	30	30	29.3	29.9	2.0	表 2-12

表 2-5　方案 1 的判决详表

责任故障数	累计试验时间(θ_1 的倍数)		责任故障数	累计试验时间(θ_1 的倍数)	
	拒收≤	接收≥		拒收≤	接收≥
0	—	6.95	21	18.50	32.49
1	—	8.17	22	19.80	33.07
2	—	9.38	23	21.02	34.92
3	—	10.60	24	22.23	36.13
4	—	11.80	25	23.45	37.35
5	—	13.03	26	24.66	38.57
6	0.34	14.25	27	25.88	39.78
7	1.56	15.46	28	27.07	41.00
8	2.78	16.69	29	28.31	42.22
9	3.99	17.90	30	29.53	43.43
10	5.20	19.11	31	30.74	44.65
11	6.42	20.33	32	31.96	45.86
12	7.64	21.54	33	33.18	47.08
13	8.86	22.76	34	34.39	48.30
14	10.07	23.98	35	35.61	49.50
15	11.29	25.19	36	36.82	49.50
16	12.50	26.61	37	38.04	49.50
17	13.72	27.62	38	39.26	49.50
18	14.94	28.64	39	40.47	49.50
19	16.15	30.06	40	41.69	49.50
20	17.37	31.27	41	49.50	—

表 2-6 方案 2 的判决详表

责任故障数	累计试验时间(θ_1 的倍数)		责任故障数	累计试验时间(θ_1 的倍数)	
	拒收≤	接收≥		拒收≤	接收≥
0	—	4.19	10	8.76	16.35
1	—	5.40	11	9.98	17.57
2	—	6.62	12	11.19	18.73
3	0.24	7.83	13	12.41	19.99
4	1.46	9.05	14	13.62	21.21
5	2.67	10.26	15	14.84	21.90
6	3.90	11.49	16	16.05	21.90
7	5.12	12.71	17	17.28	21.90
8	6.33	13.92	18	18.50	21.90
9	7.55	15.14	19	21.90	—

表 2-7 方案 3 的判决详表

责任故障数	累计试验时间(θ_1 的倍数)		责任故障数	累计试验时间(θ_1 的倍数)	
	拒收≤	接收≥		拒收≤	接收≥
0	—	4.40	9	9.02	16.88
1	—	5.79	10	10.40	18.26
2	—	7.18	11	11.79	19.65
3	0.70	8.56	12	13.18	20.60
4	2.08	9.94	13	14.56	20.60
5	3.48	11.34	14	15.94	20.60
6	4.86	12.72	15	17.334	20.60
7	6.24	14.10	16	20.60	—
8	7.63	15.49			

表 2-8 方案 4 的判决详表

责任故障数	累计试验时间(θ_1 的倍数)		责任故障数	累计试验时间(θ_1 的倍数)	
	拒收≤	接收≥		拒收≤	接收≥
0	—	2.80	5	4.86	9.74
1	—	4.18	6	6.24	9.74
2	0.70	5.58	7	7.62	9.74
3	2.08	6.96	8	9.74	—
4	3.46	8.34			

表 2-9　方案 5 的判决详表

责任故障数	累计试验时间(θ_1 的倍数)		责任故障数	累计试验时间(θ_1 的倍数)	
	拒收≤	接收≥		拒收≤	接收≥
0	—	3.75	4	3.87	10.35
1	—	5.40	5	5.52	10.35
2	0.57	7.05	6	7.17	10.35
3	2.22	8.70	7	10.35	—

表 2-10　方案 6 的判决详表

责任故障数	累计试验时间(θ_1 的倍数)		责任故障数	累计试验时间(θ_1 的倍数)	
	拒收≤	接收≥		拒收≤	接收≥
0	—	2.67	2	0.36	4.50
1	—	4.32	3	4.50	—

表 2-11　方案 7 的判决详表

责任故障数	累计试验时间(θ_1 的倍数)		责任故障数	累计试验时间(θ_1 的倍数)	
	拒收≤	接收≥		拒收≤	接收≥
0	—	3.15	4	2.43	6.80
1	—	4.37	5	3.65	6.80
2	—	5.58	6	6.80	—
3	1.22	6.80			

表 2-12　方案 8 的判决详表

责任故障数	累计试验时间(θ_1 的倍数)		责任故障数	累计试验时间(θ_1 的倍数)	
	拒收≤	接收≥		拒收≤	接收≥
0	—	1.72	2	—	4.50
1	—	3.10	3	4.50	—

二、二项型可靠性鉴定试验方案

二项分布统计试验方案的参数与指数分布类似，双方风险和鉴别比用 α 、β 和 d 表示，但可靠性指标一般用成功率 q 或故障率 λ 表示。q_0 表示检验上限值，是高概率接收的成功率。q_1 表示检验下限值，是高概率拒收的成功率。成功率鉴别比为

$$d=(1-q_1)/(1-q_0) \tag{2-34}$$

若给出故障率为 λ 、高概率拒收故障率为 λ_1 ，高概率接收故障率为 λ_0 ，其鉴别比为

$$d=\lambda_1/\lambda_0 \tag{2-35}$$

在舰炮射击试验时，可以把每射击一发炮弹作为一次试验，这样射击弹数 n 就是试验次数，射击 n 发弹没有故障则认为成功，出现一次故障则认为失败一次。假设计划进

行样本量为 n 发炮弹的射击试验，规定一个失败数 c，若试验中发生的故障数 r 小于 c，则认为舰炮可靠性合格；若故障数 r 大于 c，则认为舰炮可靠性不合格。同样故障数可以转化为故障率，故障数 r 与射击弹数 n 的比为故障率 λ，故障率 λ 小于规定值则认为舰炮可靠性满足要求。GB 5080.5—85《设备可靠性试验——成功率的验证试验方案》给出了成功率的验证试验常用方案。验证以射击故障率为可靠性指标的舰炮可靠性时可以采用二项型试验方案，舰炮电气系统仍建议采用指数寿命型试验方案。下面介绍二项型可靠性试验方案的基本原理。

1. 定弹药数可靠性试验方案

从可靠性层面看，舰炮射击试验的结果只有两种：成功和失败，即在系统的寿命范围内射击 n 发，失败 r 发，成功 s 发，且 $n=r+s$。成功 s 发的概率即是成功率，记作 q；失败 r 发的概率即是射击故障率，记作 λ，且 $q+\lambda=1$。

舰炮系统进行 n 次发射，发生 r 次故障的概率为

$$P(n,r\mid\lambda)=\binom{n}{r}\lambda^{r}\cdot q^{n-r} \tag{2-36}$$

设 c 为一规定的故障数，则舰炮系统射击 n 发被接收的概率，即射击 n 发故障数 r 不超过 c 的概率为

$$L(\lambda)=\sum_{r=0}^{c}p(n,r\mid\lambda) \tag{2-37}$$

被拒收的概率为

$$1-L(\lambda)=\sum_{r=c+1}^{c}p(n,r\mid\lambda) \tag{2-38}$$

订购方根据需要，选定一个质量水平，对舰炮来说这个质量水平就是故障率(λ)或故障间隔发数(MRBF)，对应确定一个比较低的接收概率，这个质量水平称为“极限故障率”，记作 λ_1。当舰炮系统的故障率为极限故障率时被使用方接收，那么，被接收的概率叫“使用方风险”，记作 β。

对生产方而言，它不应生产制造可靠性为极限故障率的舰炮系统，因为这样被拒收的概率太大，所以生产方必须制造比极限故障率好的系统，才容易达到目标质量水平，生产方认为满意的最低故障率叫“可接收故障率”，记作 λ_0。系统质量达到可接收故障率时被使用方拒收，那么，被拒收的概率叫“生产方风险”，记作 α。

在试验前生产方和使用方商定 λ_0，λ_1，α，β，则舰炮系统故障率 λ_1 而被接收的概率为

$$L(\lambda_1)=\sum_{r=0}^{c}p(n,r|\lambda_1) \tag{2-39}$$

舰炮系统故障率为 λ_0 而被拒收的概率为

$$1-L(\lambda_0)=\sum_{r=c+1}^{n}p(n,r|\lambda_0) \tag{2-40}$$

即

$$1-L(\lambda_0)=1-\sum_{r=0}^{c} p(n,r|\lambda_0) \tag{2-41}$$

式中，n 为射击弹数；c 为规定故障数；r 为实际故障数。

为使生产方和使用方双方满意承担各自相应的风险，也就是下面的方程组成立即可：

$$\begin{cases}\alpha = 1 - L(\lambda_0) \\ \beta = L(\lambda_1)\end{cases} \tag{2-42}$$

解此方程组可得 n，c。

λ_0，λ_1，α，β 为试验方案的主要参数。

d 为鉴别比。

$d=\lambda_1/\lambda_0=(1-q_1)/(1-q_0)$，舰炮故障率一般用 λ 表示。

根据不同的系统、不同的经济条件、不同的工业水平、不同的需要，生产方可以给出不同的 λ_0，λ_1，α，β。为了得到更多的 n 和 c，可编写程序上机解算，形成标准的、可选择的试验方案。

2. 序贯比试验方案

在不要求对验证可靠性做出点估计时可以使用序贯比试验方案，使用序贯比试验方案具有做出判断所需要的平均故障数和平均累积试验时间(试验次数或弹数)少的特点。设失效率或故障率检验的上下限分别为 λ_0、λ_1，射击 n 发，发生故障 r 次，o_n 为似然比，则

$$o_n=\frac{\lambda_1^r(1-\lambda_1)^{n-r}}{\lambda_0^r(1-\lambda_0)^{n-r}} \tag{2-43}$$

根据 Wald 理论，设 A 是一个较大的数，B 是一个较小的数，A、B 分别为

$$A\approx\frac{1-\alpha}{\beta} \tag{2-44}$$

$$B\approx\frac{\beta}{1-\alpha} \tag{2-45}$$

$o_n \leqslant B$ 时，认为故障率是 λ_0，接收。

$o_n \geqslant A$ 时，认为故障率是 λ_1，拒收。

$B<o_n<A$ 时，继续试验。

对以上三种条件进行数学推导可得以下公式

$$\begin{cases} r \geqslant h_1+kn \text{时}, \lambda=\lambda_1, \text{拒收} \\ -h_0+kn<r<h_1+kn, \text{继续试验} \\ r \leqslant -h_0+kn, \lambda=\lambda_0, \text{接收}\end{cases} \tag{2-46}$$

其中

$$
\begin{cases}
h_0 = \dfrac{\ln\dfrac{1-\alpha}{\beta}}{\ln\dfrac{\lambda_1}{\lambda_0} + \ln\dfrac{q_0}{q_1}} \\
h_1 = \dfrac{\ln\dfrac{1-\beta}{\alpha}}{\ln\dfrac{\lambda_1}{\lambda_0} + \ln\dfrac{q_0}{q_1}} \\
k = \dfrac{\ln\dfrac{q_0}{q_1}}{\ln\dfrac{\lambda_1}{\lambda_0} + \ln\dfrac{q_0}{q_1}}
\end{cases}
\tag{2-47}
$$

当$\alpha=\beta$时，$h_0=h_1$。

以射击弹数n(或试验时间、试验次数)为横坐标，以故障数r为纵坐标，建立平面直角坐标系。作斜率为k、截距为$-h_0$和h_1的两条线，同时根据生产方和使用方商定的风险率，计算出最多的射击弹数n_t和故障数r_t作为截尾，如图 2-4 所示，详细方案参见相关标准。

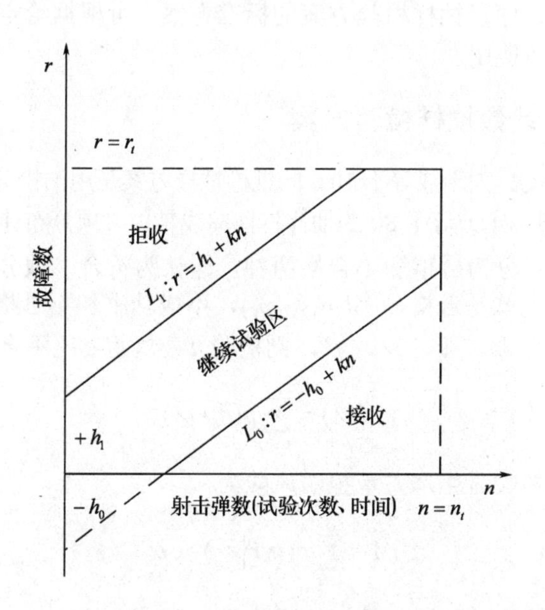

图 2-4　二项分布序贯试验的接收区、拒收区和继续试验区

第四节　舰炮可靠性验收试验方案

舰炮可靠性验收试验方案一般用于舰炮可靠性批检，通常给出合格品数的要求，验收试验属于计数验证试验。

批检试验方案包括两个方案，一是抽样方案，二是对所抽取样本的验证方案。因此，舰炮可靠性验收试验分为两步，第一步是从批中抽取用于验收试验的样本，即抽样；第二步是对抽取的样本按设计的统计验证试验方案进行可靠性验证试验，然后根据样本的试验结果推断批的合格品率。

根据批检方案的设计原理，批检方案主要有泊松分布批检方案、二项分布批检方案、超几何分布批检方案等类型，具体采用哪种方案需根据批量、风险率、试验费用等综合考虑确定。下面对批检试验方案原理作具体介绍。

一、二项型抽样检验方案

在批验收中，常用二项分布抽样检验进行批检试验。根据一次从批中抽取样本的试验结果，判断该批质量是否满足要求，常用“一次抽样检验方案”，其基本思路是：随机从批中抽取样本量为n的样本，规定一个不合格数c，对舰炮进行可靠性试验，若试验中发生可靠性不合格的舰炮数r小于等于c，则认为批质量合格，若不合格数r大于c，则认为批质量不合格。GJB 179《计数抽样检查程序及表》给出了计数检验的常用方案，在批验收中有着广泛的应用。标准中明确计数检查可以是合格品数，也可以是单位产品的缺陷数，因此成败型二项分布的检验方案可以用于舰炮可靠性试验的抽样试验方案设计。

在设计完抽样方案后，对抽取的样本进行可靠性试验方案设计，设计原理和方法同可靠性鉴定试验。详细设计原理见第三节。GB 5080.5《成功率的可靠性试验方案》给出了一次抽样检验方案、序贯抽样检验方案的标准方案，可根据给定的鉴别比、风险率、规定的质量水平等参数选用。

二、GJB 179 计数抽样检验方案

GJB 179 中规定 AQL 大于或等于 10.0 的批检抽样方案是用泊松分布计算而来，AQL 小于或等于 10.0，样本量小于或等于 80 的抽样特性曲线是由二项分布计算而来，其原理如下：

把抽样试验的结果分为合格和不合格两种，即认为符合二项分布。在二项分布的计算中习惯用成功率，也就是合格品率(p_0，p_1)，不成功率和不合格品率(λ_0，λ_1)，试验前生产方和使用方商定λ_0，λ_1，α，β，则检验n座舰炮c座不合格的概率为

$$l(\lambda)=\sum_{r=0}^{c}p(n,r|\lambda) \tag{2-48}$$

$r=c$，$\lambda=\lambda_0$被拒收时生产方承担的风险为

$$1-\sum_{r=0}^{c}p(n,r|\lambda_0)\leqslant\alpha \tag{2-49}$$

$r=c$，$\lambda=\lambda_1$被接收时使用方承担的风险为

$$\sum_{r=0}^{c}p(n,r|\lambda_1)\leqslant\beta \tag{2-50}$$

为使生产方和使用方对承担的风险都能接受，则

$$\begin{cases}1-\sum_{r=0}^{c}p(n,r|\lambda_0)\leqslant\alpha \\ \sum_{r=0}^{c}p(n,r|\lambda_1)\leqslant\beta\end{cases} \tag{2-51}$$

在给定双方风险α、β和鉴别比d时利用上面的方程组可以得到试验所需的抽样数n和判决数c。

目前舰炮的 AQL 不大于 10.0，(在$n/\theta \leqslant 5, F(t) \leqslant 10\%$时)二项分布可用泊松分布表示。下面讨论不合格率较小时的抽样方案。

设舰炮生产批为 N，抽取样本为n座舰炮，对n座舰炮进行可靠性试验，试验过程中出现不合格品数r恰等于c，不合格品数r服从泊松分布，则对n座舰炮进行的可靠性试验出现c座舰炮不合格的概率为

$$\sum_{r=0}^{c} \frac{(n/\theta)^r}{r!} \mathrm{e}^{-n/\theta} \tag{2-52}$$

若舰炮不合格品数期望值等于检验值的上限值θ_0，则舰炮被拒收时生产方承担的风险不应大于α，即

$$1-\sum_{r=0}^{c} \frac{(n/\theta_0)^r}{r!} \mathrm{e}^{-n/\theta_0} \leqslant \alpha \tag{2-53}$$

整理得

$$\sum_{r=0}^{c} \frac{(n/\theta_0)^r}{r!} \mathrm{e}^{-n/\theta_0} \geqslant 1-\alpha \tag{2-54}$$

若舰炮射击故障间隔发数期望值等于检验值的下限值θ_1，则舰炮被接收时使用方承担的风险不应大于β，即

$$\sum_{r=0}^{c} \frac{(n/\theta_1)^r}{r!} \mathrm{e}^{-n/\theta_1} \leqslant \beta \tag{2-55}$$

为使生产方和使用方对承担的风险都能接受，则

$$\begin{cases} \sum_{r=0}^{c} \frac{(n/\theta_0)^r}{r!} \mathrm{e}^{-n/\theta_0} \geqslant 1-\alpha \\ \sum_{r=0}^{c} \frac{(n/\theta_1)^r}{r!} \mathrm{e}^{-n/\theta_1} \leqslant \beta \end{cases} \tag{2-56}$$

在给定双方风险α、β和鉴别比d时利用上面的方程组可以得到试验所需的抽样数n和判决数c。

为减少使用中计算的麻烦，GJB 179 中给出了一次检验抽样方案，需要时可以查用。需要注意 AQL 和样本的大小。

三、小批量方案(超几何分布)

由N座舰炮构成的生产批，设其中有k座舰炮可靠性水平下降，且与定型时有较大差异，从中随机抽取n座舰炮，其中恰有$j(j \leqslant k)$座舰炮不合格的概率为p。

j为离散型随机变量，服从超几何分布，记为$j \sim H(n,K,N)$。其概率分布为

$$P(j)=\frac{C_k^j \cdot C_{N-k}^{n-j}}{C_N^n} \qquad (j=0,1,2,\cdots,n) \tag{2-57}$$

$$\sum_{j=0}^{n} P(j)=\sum_{j=0}^{n} \frac{C_k^j \cdot C_{N-k}^{n-j}}{C_N^n}=1 \tag{2-58}$$

超几何分布的数学期望和方差分别为

$$E(j)=\frac{nk}{N} \tag{2-59}$$

$$D(j)=n\frac{k(N-k)}{N^2}\frac{N-n}{N-1} \tag{2-60}$$

设 $p=\frac{k}{N}$，$q=\frac{N-k}{N}$，则

$$E(j)=\frac{nk}{N}=np \tag{2-61}$$

$$D(j)=n\frac{k(N-k)}{N^2}\frac{N-n}{N-1}=npq\frac{N-n}{N-1} \tag{2-62}$$

用上面超几何分布的数学期望和方差与二项分布的数学期望和方差比较可以看出，超几何分布的数学期望与二项分布相同，方差只相差 $\frac{N-n}{N-1}$，在 $N>>n$（$N>10n$）时，认为超几何分布与二项分布的方差是相同的，即

$$D(j)=npq\frac{N-n}{N-1}=npq \tag{2-63}$$

可以证明，在 $N>>n$，超几何分布可用二项分布近似表示。

设生产方要求的批不合格数 k 为 k_0，使用方最低可接收的 k 值为 k_1，双方风险为 α、β，则

$$\begin{cases} \sum_{j=0}^{c} \frac{C_{k_0}^j C_{N-k_0}^{n-j}}{C_N^n}=1-\alpha \\ \sum_{j=o}^{c} \frac{C_{k_1}^j C_{N-k_1}^{n-j}}{C_N^n}=\beta \qquad (j=1,2,\cdots,c,c<k_0) \end{cases} \tag{2-64}$$

如果知道批量 N，事先确定 α、β 和 k_0、k_1 值，根据上式可以得到最佳 n 和 c 的组合。

第五节　舰炮可靠性定量与定性评价

一、舰炮可靠性鉴定试验定量评价

对试验数据整理和分析、根据试验方案和判决标准给出结论、对舰炮达到的可靠性水平进行点估计和区间估计的过程就是试验评价。试验评价贯穿于试验全过程，在试验过程中要不断地对试验数据进行分析和处理，及时发现试验中存在的问题，并加以纠正，保证试验质量，减少试验费用，提高试验效益。

根据制定的可靠性鉴定试验方案进行试验，按试前规定的故障统计准则进行故障分类和统计，在试验后，用责任故障数与试验方案中的判决故障数比较，从而做出接收还是拒收的判决。无论是合格还是不合格都给出点估计和在一定置信度下的验证区间。

1. 指数寿命型定弹药数试验方案结果评定

1) 故障间隔弹数点估计

舰炮系统射击 n 发，发生责任故障 r 次，利用得到的样本观测值，估计出舰炮系统故障间隔弹数

$$\hat{\theta} = \frac{n}{r} \tag{2-65}$$

2) 故障间隔弹数区间估计和置信水平

在使用指数分布做方案时，舰炮系统的故障间隔发数 θ，一般认为服从 χ^2 分布。设置信水平为 c，一般取 $c = 1-2\beta$，设 θ_u、θ_l 为故障间隔发数区间估计的上和下限，故障间隔发数的区间估计公式如下：

接收时，考虑第 $n+1$ 发出现故障

$$\begin{cases} \theta_u = \dfrac{2n}{\chi^2\left(1-\dfrac{\alpha}{2}, 2r\right)} \\ \theta_l = \dfrac{2n}{\chi^2\left(\dfrac{\alpha}{2}, 2r+2\right)} \end{cases} \tag{2-66}$$

拒收时，区间估计公式如下：

$$\begin{cases} \theta_u = \dfrac{2n}{\chi^2\left(1-\dfrac{\alpha}{2}, 2r\right)} \\ \theta_l = \dfrac{2n}{\chi^2\left(\dfrac{\alpha}{2}, 2r\right)} \end{cases} \tag{2-67}$$

2. 成败型定弹药数试验结果评定

1) 射击故障率点估计

$$\hat{\lambda} = \frac{\sum r_i}{n} \tag{2-68}$$

式中，n 为射击弹数，$\sum r_i$ 为试验中发生责任故障数的和。

2) 射击故障率的区间估计

舰炮可靠性试验是抽样试验，射击故障率是一随机变量，所以，故障率的估计值也是一随机变量。已证明，故障率的点估计值服从正态分布，即 $\hat{\lambda}$ 的数学期望为 λ，方差为 $\sqrt{\dfrac{\lambda(1-\lambda)}{n}}$，设置信度为 c，一般取 $c = 1-2\beta$，β 为使用方风险。设 λ_l 为故障率估计值的下限，λ_u 为故障率估计值的上限。则故障率的点估计落在 λ_l 与 λ_u 之间的概率为 ϕ，即

$$P\left(\hat{\lambda} \in (\lambda_l, \lambda_u)\right) = \phi \tag{2-69}$$

只要确定了λ_l、λ_u，也就确定了置信区间。由正态分布的特性可知，上式可表示为

$$P\left[\hat{\lambda} \in (\hat{\lambda} - k\sqrt{\frac{\lambda(1-\lambda)}{n}}, \hat{\lambda} + k\sqrt{\frac{\lambda(1-\lambda)}{n}})\right] = r$$

$$\lambda_l = \hat{\lambda} - k\sqrt{\frac{\lambda(1-\lambda)}{n}} \tag{2-70}$$

$$\lambda_u = \hat{\lambda} + k\sqrt{\frac{\lambda(1-\lambda)}{n}}$$

系数k与r的关系为

$$k = \Phi^{-1}\left(\frac{1+r}{2}\right) \tag{2-71}$$

二、舰炮可靠性验收试验定量评价

舰炮可靠性验收试验的结论一般是批可靠性合格或不合格，评价方法可参照舰炮可靠性鉴定试验评价。注意，采用序贯比试验方案时不能给出可靠性的点估计，只能给出区间估计，区间估计的计算方法也有不同，可参见 GJB 899 相关内容，在此不再累述。

三、舰炮可靠性定性要求与评价

可靠性定性要求是定量要求的重要补充，舰炮可靠性定性要求分为三个方面的内容，一是不便用定量指标来描述的可靠性要求；二是某些设计要求与可靠性准则雷同，对舰炮提出具体的可靠性要求；三是特殊的可靠性要求。可靠性定性要求的验证结合可靠性试验进行，必要时单独采用演示验证的方法，对功能和其他定性要求进行检查、验证。验证的主要内容有：舰炮是否采用了提高可靠性的设计，在产品上是否得到了体现，有关提高可靠性的措施是否有效。

一般为提高舰炮可靠性提出的要求有：尽可能采用标准件、采用成熟技术和成熟设计、简化设计、降额设计、采用冗余设计、采用容差设计和瞬态过应力设计、防误操作设计、环境保障设计等。

1. 环境防护设计

舰炮在海上的适用环境较为复杂，诸多故障与使用环境有关，因此舰炮设计时必须注重环境防护设计，应满足三防要求、海情要求。具体要求有：采用实验室环境试验、海上适应性试验等试验手段对舰炮的环境适应性进行验证。试验的内容主要有温度、湿度、淋雨、盐雾、冲击、振动、电磁兼容、静电防护等，具体试验方法参见相关标准。

2. 人的因素设计

人的因素设计是根据人类工程学的原理，减少人为因素造成的故障。基本要求有：舰炮使用维修所需人员应以 95%以上人员所能达到的水平来考虑，操作使用、维修应简单，减少人员操作差错的可能性，工作环境设计符合人的生理特点，使操作人员工作环境舒适，操作台尺寸、照明、指示灯前颜色、手柄大小及操作力度应合适，各种标识应

清晰、准确。

将试验内容列成表格，采用检查和演示的方法记录各项内容与设计准则或定性要求的符合性，并综合做出评价。

3. 技术成熟度设计

无论是新研制的舰炮还是改进设计的舰炮，其所采用的技术应是成熟技术，在舰炮设计时应充分考虑设计思想与所采用的技术的可行性，设计时对电气控制技术成熟度、机械结构材料成熟度进行充分的分析、论证，提高舰炮可靠性。

4. 简化设计

简化设计主要是指减少不可靠环节。例如在结构上简化，从供弹到击发的全过程中使弹药的运行路线尽可能的短，减少弹药交接的次数。选用标准件，提高元器件和零件的互换性、通用性；模块化设计；压缩、控制原材料、元器件、零部件的种类、数量等。例如在舰炮的电气控制系统设计中采用成熟的变频器、通用位置环，采用通用、可靠的位置、速度采集元件。

保障性试验时采用检查、分析的方法，确定舰炮设计是否符合简化设计的要求。

5. 热设计

分析舰炮电器元器件、身管的工作温度和承受能力，必要时对元器件采取降温设计，如对身管实施内、外冷却设计。

结合定型试验测量主要元器件和身管温度，评价其对可靠性的影响。

6. 合理选择、正确使用元器件

制定和贯彻元器件大纲，在设计过程中正确选择元器件，在生产过程中对元器件实行质量控制。

第三章　舰炮维修性试验与评价

舰炮研制过程中，进行了维修性设计与分析，采取了各种监控措施，以保证维修性设计得到落实。同时，还用维修性预计、评审等手段来了解设计中舰炮的维修性状况。但舰炮的维修性到底怎样，是否满足使用要求，只有通过维修实践才能真正检验。全寿命周期的维修实践得到的维修性评价当然是最准确的评价，但其耗费的周期太长，不利于装备尽快形成战斗力。舰炮维修性试验与评价，就是一种用较短的时间、较少的费用及时检验舰炮维修性的良好途径。本章重点探讨舰炮定型阶段的维修性试验与评价的内容、程序和方法。

第一节　概　　述

维修性试验与评价是舰炮研制、生产和使用阶段重要的维修性工作项目之一，其目的是鉴别有关维修性的设计缺陷，使维修性不断增长，验证舰炮的维修性是否满足规定的要求。

一、舰炮维修性定义

维修性是舰炮的一种质量特性，即由设计赋予的使舰炮维修简便、迅速、经济的固有属性，它是指舰炮在规定的条件下和规定的时间内，按规定的程序和方法进行维修时，保持或恢复其规定状态的能力。其中“规定条件”主要指维修的机构和场所，以及相应的人员与设备、设施、舰炮工辅具、备品备件、技术资料等资源。“规定的程序和方法”是指按舰炮技术文件规定的维修工作类型(工作内容)、步骤、方法。“规定时间”是指规定维修时间。在这些约束条件下完成维修，即保持或恢复舰炮规定状态的能力(或可能性)就是舰炮维修性。

二、舰炮维修性要求

1. 维修性定性要求

定性要求是维修简便、迅速、经济的具体化。定性要求有两个方面的作用：一是实现定量指标的具体技术途径或措施，按照这些要求去设计以实现定量指标；二是定量指标的补充，即有些无法用定量指标反映出来的要求，用定性描述。维修性定性要求的内容一般包括：

1) 良好的可达性

可达性是维修时接近舰炮不同组成单元的相对难易程度，也就是接近维修部位的难易程度。维修部位看得见、够得着，不需要拆装其他单元或拆装简便，容易达到维修部位，同时具有为检查、修理或更换所需要的空间就是可达性好。可达性不好往往耗费很多维修人力和时间。在实现了机内测试和自动测试以后，可达性不好是延长维修时间的首要因素，因此良好的可达性是维修性的首要要求。

2) 较高的标准化和互换性

标准化、互换性和通用化，不仅利于舰炮设计和生产，而且也使舰炮维修简便，能显著减少维修备件的品种、数量，简化保障，降低对维修人员技术水平的要求，大大缩短维修工时。所以，它们也是舰炮维修性的重要要求。

3) 完善的防差错措施及识别标记

舰炮结构复杂，尤其是机械部分零件比较多，而且由于舰炮功能的特殊要求，它与一般机械产品不同，舰炮机械结构中通用件较少，专用件较多，在维修中，如果发生漏装、错装或其他操作差错，轻则延误时间，影响使用，重则危及安全。因此，应采取措施防止维修差错，有的可以在设计上采取措施，确保不出差错，有的可做出识别标记，视具体情况而拟定。完善的防差错措施及识别标记，是舰炮维修性的重要要求。

4) 良好的维修安全性

维修性所讲的安全性是指避免维修活动时人员伤亡或设备损坏的一种设计特性。它比使用时的安全更复杂，涉及的问题更多。具体说就是不仅要求使用时安全，而且要求储存、运输、维护、修理过程中安全，比如，舰炮维修操作时必须是在断电、静态条件下进行，关键部位设计有“安全位”手柄、“紧急制动”按钮、“维修位”按钮或钥匙等。

5) 良好的测试性

测试性是舰炮便于确定其状态并检测、诊断故障的一种设计特性。舰炮检测诊断是否准确、快速、简便，对维修性有重大影响。因此检测设备和检测方式的选择以及检测点的配置都是维修性应考虑的重要问题。

6) 对关键重要零件(关重件)的可修复性要求

关重件应具有便于在其磨损、变形或有其他形式故障后修复原件的性能。关重件的修复，不仅可节省维修资源和费用，而且对提高装备可用性有着重要的作用。因此，舰炮设计中要重视关重件的可修复性。

7) 符合维修的人素工程要求

维修的人素工程是研究舰炮维修中人的各种能力(如体力、感观力、耐受力、心理容量)、人体尺寸等因素与设备的关系，以及如何提高维修工作效率、质量和减轻人员疲劳等方面的问题。

维修时维修人员有良好的工作姿势，低的噪声、良好的照明、合适的工具、适度的负荷强度，就能提高维修人员的工作质量和效率。所以这也是维修性设计时不可忽视的问题。

2. 维修性定量要求

满足了对维修性的定性要求，能大大提高舰炮的维修性，但还不便于直接度量舰炮维修性的优劣程度，舰炮维修性还需要定量描述，采用维修性参数来定量描述维修性，对维修性参数要求的量值称为维修性指标。维修性的定量要求即各项维修性参数的要求值。为了说明维修性参数的概念，下面介绍有关维修性函数。

1) 维修性函数

维修性主要反映在维修时间上，由于完成每次维修的时间 T 是一个随机变量，所以必须用概率论的方法，从维修性函数出发来研究维修时间的各种统计量。

(1) 维修度$M(t)$。

维修性的概率表示称为维修度$M(t)$，即：舰炮在规定的条件下和规定的时间内，按照规定的程序和方法进行维修时，保持或恢复其规定状态的概率。可用下式表示：

$$M(t)=P(T\leqslant t) \tag{3-1}$$

式中　T——在规定约束条件下完成维修的时间；

t——规定的维修时间。

显然，维修度是维修时间的递增函数，$M(0)=0, M(\infty)\to 1$。

$M(t)$也可表示为

$$M(t)=\lim_{N\to\infty}\frac{n(t)}{N} \tag{3-2}$$

式中　N——送修的舰炮或零部件总(次)数；

$n(t)$——t时间内完成维修的舰炮或零部件(次)数。

在工程实践中，维修度用试验或统计数据来求得，N为有限值，$M(t)$的估计量为

$$\hat{M}(t)=\frac{n(t)}{N} \tag{3-3}$$

(2) 维修时间密度函数$m(t)$。

维修度$M(t)$是t时间内完成维修的概率，那么，其概率密度函数即维修时间密度函数可表达为

$$m(t)=\frac{\mathrm{d}M(t)}{\mathrm{d}t}=\lim_{\Delta t\to 0}\frac{M(t+\Delta t)-M(t)}{\Delta t} \tag{3-4}$$

$$M(t)=\int_0^t m(t)\,\mathrm{d}t \tag{3-5}$$

同样，$m(t)$的估计量：

$$\hat{m}(t)=\frac{n(t+\Delta t)-n(t)}{N\Delta t}=\frac{\Delta n(t)}{N\Delta t} \tag{3-6}$$

其中$\Delta n(t)$为Δt时间内完成维修的产品数。

可见，维修时间密度函数的工程意义是单位时间内产品预期完成维修的概率，即单位时间内修复数与送修总数之比。

(3) 修复率$\mu(t)$。

修复率是在时刻t未修复的产品，在时刻t之后单位时间内修复的概率。可表达为

$$\mu(t)=\lim_{\substack{\Delta t\to 0\\ N\to\infty}}\frac{n(t+\Delta t)-n(t)}{\left[N-n(t)\right]\Delta t} \tag{3-7}$$

其估计量：

$$\hat{\mu}(t)=\frac{\Delta n(t)}{N_s\,\Delta t} \tag{3-8}$$

其中N_s是时刻t尚未修复的产品数。

$$\mu(t)=\frac{m(t)}{1-M(t)} \tag{3-9}$$

确切地说，$\mu(t)$是一种修复速率，在工程实践中，通常用修复率或常数修复率μ表示，其意义为单位时间内完成维修的次数，可用规定条件下和规定时间内，完成维修的总次数与维修总时间之比表示。

2) 维修性参数

维修性参数是度量维修性的尺度，它们必须能够进行统计和计算。维修性参数必须反映对舰炮的使用要求，直接与装备的战备完好性、任务成功、维修人力及保障资源有关，体现在对装备的维护、预防性维修、修复性维修和战场损伤修复诸方面。通常用维修时间(均值、中值、最大值)、工时、维修费用等参数表示。常用的维修性参数有以下几种：

(1) 平均修复时间(MTTR 或$\bar{M}_{ct}$)。

它是装备维修性的一种基本参数，其度量方法为：在规定的条件下和规定的时间内，装备在规定的维修级别上，修复性维修总时间与在该级别上被修复装备的故障总数之比。

对舰炮而言，就是排除故障所需实际时间的平均值，即舰炮修复一次平均需要的时间。排除故障的实际时间包括准备、检测诊断、换件、调校、检验及原件修复等时间。修复时间是随机变量，$\bar{M}_{ct}$是修复时间的均值或数学期望。即：

$$\bar{M}_{ct}=\int_0^{\infty} t\,m(t)\,\mathrm{d}t \tag{3-10}$$

实际工作中使用其观测值，即修复时间t的总和与修复次数n之比：

$$\bar{M}_{ct}=\sum_{i=1}^{n}\frac{t_i}{n} \tag{3-11}$$

当舰炮有n个可修复项目时，平均修复时间用下式计算：

$$\bar{M}_{ct}=\frac{\sum_{i=1}^{n}\lambda_i\bar{M}_{cti}}{\sum_{i=1}^{n}\lambda_i} \tag{3-12}$$

式中　λ_i——第i项目的故障率；

$\bar{M}_{cti}$——第i项目的平均修复时间。

(2) 最大修复时间($M_{\max ct}$)。

确切地说，应当是给定百分位或维修度的最大修复时间，通常给定维修度$M(t)=p$是95%或90%。最大修复时间通常是平均修复时间的2～3倍，具体比值取决于维修时间的分布和方差及规定百分位。

若维修时间为指数分布时：

$$M_{\max ct}=-\bar{M}_{ct}\ln(1-p) \tag{3-13}$$

当$M(t)=0.95$时，$M_{\max ct}=3\,\bar{M}_{ct}$

维修时间为正态分布时：

$$M_{\max ct} = \bar{M}_{ct} + Z_p d \tag{3-14}$$

式中　Z_p——维修度 $M(t)$ 为 p 时的正态分布分位点；

d——维修时间 t 的标准离差。

维修时间为对数正态分布时：

$$M_{\max ct} = \exp(\theta + Z_p \sigma) \tag{3-15}$$

(3) 维修时间中值($\tilde{M}_{ct}$)。

是指维修度 $M(t)=50\%$ 时的修复时间，又称中位修复时间。不同分布情况下，中值与均值的关系不同。

维修时间为正态分布时：

$$\tilde{M}_{ct} = \bar{M}_{ct} \tag{3-16}$$

维修时间为指数分布时：

$$\tilde{M}_{ct} = 0.693\bar{M}_{ct} \tag{3-17}$$

维修时间为对数正态分布时：

$$\tilde{M}_{ct} = \mathrm{e}^{\theta} = \frac{\bar{M}_{ct}}{\exp(\sigma^2/2)} \tag{3-18}$$

选用中值 $\tilde{M}_{ct}$ 的优点是试验样本量少，对数正态分布假设下可少至 20，而均值要求 30 以上。

(4) 预防性维修时间(M_{pt})。

预防性维修时间同样有均值、中值和最大值，其含义和计算方法与修复时间相似。但应以预防性维修频率代替故障率，预防性维修时间代替修复性维修时间。

平均预防维修时间 $\bar{M}_{pt}$ 是每项或某个维修级别一次预防性维修所需时间的平均值。

$$\bar{M}_{pt} = \frac{\sum_{j=1}^{m} f_{pj} \bar{M}_{ptj}}{\sum_{j=1}^{m} f_{pj}} \tag{3-19}$$

式中　f_{pj}——第 j 项预防性维修的频率，指日维护、周维护、年预防性维修等的频率；

$\bar{M}_{ptj}$——第 j 项预防性维修的平均时间。

根据使用需求也可以直接用日维护时间、周维护时间或年预防性维修时间作为维修性参数。

三、常用的维修时间统计分布

维修时间可用某种统计分布来描述，常用的维修时间分布，有指数分布、正态分布和对数正态分布。电子产品的维修时间一般服从指数分布，正态分布用于描述简单维修作业的维修时间分布，复杂的机械系统的维修时间分布一般用对数正态分布描述。舰炮是集机、电、液、气等于一体的复杂系统，属于机电产品，其专业划分，主要分为机械和控制两个专业，不同类型、不同型号的舰炮，其维修时间分布也不同，究竟是何种分布，要通过维修试验数据进行分布检验。

1. 指数分布

这种分布假设系统的修复率 μ 是常数，系统的修复度 $M(t)$ 是时间 t 的负指数函数，即

$$M(t)=1-\mathrm{e}^{-\mu t} \tag{3-20}$$

分布密度函数 $m(t)$ 为

$$m(t)=\mu\mathrm{e}^{-\mu t} \tag{3-21}$$

修复率 $\mu(t)$ 为

$$\mu(t)=\mu \tag{3-22}$$

修复率 μ 是单位时间系统的修复的概率。在指数分布的前提下有

$$\mathrm{MTTR}=E(t)=\int_0^\infty t\,m(t)\,\mathrm{d}t=\int_0^\infty t\,\mu\,\mathrm{e}^{-\mu t}\mathrm{d}t=\frac{1}{\mu} \tag{3-23}$$

这种分布适用于经短时间调整或迅速换件即可修复的简单设备，如电子产品。

2. 正态分布

维修时间用正态分布描述时，即以某个维修时间为中心，大多数维修时间在其左右对称分布，时间特长和特短的较少。正态分布的密度函数为

$$m(t)=\frac{1}{d\sqrt{2\pi}}\exp\left[-\frac{1}{2}\left(\frac{t-\bar{M}}{d}\right)^2\right] \qquad t\geqslant 0 \tag{3-24}$$

分布函数为

$$M(t)=\int_0^t\frac{1}{d\sqrt{2\pi}}\exp\left[-\frac{1}{2}\left(\frac{t-\bar{M}}{d}\right)^2\right] \tag{3-25}$$

式中　$\overline{M}$ ——维修时间均值，即数学期望 $E(T)$，通常取观测值

$$\overline{M}=\frac{1}{n}\sum_{i=1}^{n}t_i$$

t_i ——第 i 次维修的时间；

n——维修次数；

d——维修时间标准差，方差 $d^2=E\left[T-E(T)\right]^2$，其观测值

$$d^2=\frac{\sum_{i=1}^{n}\left(t_i-\overline{M}\right)^2}{n-1}$$

正态分布可用于描述单项维修活动或简单的维修作业的维修时间分布，比如简单拆除和更换所需要的时间很可能符合正态分布。但这种分布不适合描述较复杂的整机产品的维修时间分布，因而舰炮的维修时间分布不适合用正态分布来描述，一般用对数正态分布。

3. 对数正态分布

设系统的修复时间为 T，维修时间的对数 $\ln T=Y$ 服从正态分布，则称修复时间 T 是

服从对数正态分布的随机变量，其密度函数为

$$m(t)=\frac{1}{\sqrt{2\pi}\sigma t}\exp\left[-\frac{1}{2}\left(\frac{\ln t-\theta}{\sigma}\right)^2\right]\quad t\geqslant 0 \tag{3-26}$$

分布函数 $M(t)$ 为

$$M(t)=\frac{1}{\sigma\sqrt{2\pi}}\int_0^t\frac{1}{t}\exp\left[-\frac{1}{2}\left(\frac{\ln t-\theta}{\sigma}\right)^2\right]\mathrm{d}t \tag{3-27}$$

式中 θ——维修时间对数的均值，其统计量用 $\bar{Y}$ 表示，即

$$\bar{Y}=\frac{1}{n}\sum_{i=1}^{n}\ln t_i\ (t_i\text{ 为观察到的各次修复时间})$$

σ——维修时间对数的标准差，其统计量用 s 表示，即

$$s^2=\frac{1}{n-1}\left[\sum_{i=1}^{n}\left(\ln t_i-\bar{Y}\right)^2\right]$$

对数正态分布时维修时间 t 的均值为

$$\bar{M}=\mathrm{e}^{\theta+\frac{1}{2}\sigma^2} \tag{3-28}$$

对数正态分布是一种不对称分布，其特点是：修复时间特短的很少，大多数项目都能在平均修复时间内完成，只有少数项目维修时间拖得很长。各种较复杂的装备，修复性维修时间遵从对数正态分布，而舰炮机械系统就属于这样的装备。

四、舰炮维修性试验与评价程序

1. 舰炮维修性试验与评价的内容

1) 定性评价

定性评价是根据维修性的有关国家标准和国家军用标准及合同规定的要求制定的检查项目核对表结合维修操作演示进行。内容主要有：维修性的可达性、检测诊断的方便性与快速性、零部件的标准化与互换性、防差错措施与识别标记、工具操作空间和工作场地的维修安全性、人素工程要求等。由于舰炮的维修性与维修保障资源是相互联系，互为约束的，故在评价维修性的同时，需评价保障资源是否满足维修工作的需要，并分析维修作业程序的正确性；审查维修过程中所需维修人员的数量、素质、工具与测试设备、备附件和技术文件等的完备程度和适用性。

2) 定量评价

定量评价是对装备的维修性指标进行验证，要求在自然故障或模拟故障条件下，根据试验中得到的数据，进行分析判定和估计，以确定其维修性是否达到指标要求。目前舰炮研制总要求中，维修性的规定指标为平均修复时间，因此，舰炮维修性定量评价主要是对平均修复时间的评价。

2. 舰炮维修性试验与评价程序

维修性试验无论是与功能、可靠性试验结合进行，还是单独进行，其工作的一般程

序是一样的，分为准备阶段和实施阶段。

1) 准备阶段的工作

(1) 制定维修性试验与评价计划；

(2) 选择试验方法；

(3) 确定受试品；

(4) 培训试验维修人员；

(5) 准备试验环境和试验设备及保障设备等资源。

2) 实施阶段的工作

(1) 确定试验样本量；

(2) 选择与分配维修作业样本；

(3) 进行修复性维修试验，包括故障的模拟与排除；

(4) 预防性维修试验；

(5) 收集、分析与处理维修试验数据和试验结果的评估；

(6) 编写试验结果与评价报告等。

第二节　舰炮维修性验证试验准备

一、制定维修性试验与评定计划

试验之前应根据 GJB2072-94《维修性试验与评定》的要求，结合试验与评定的时机、种类及合同的规定，制定试验计划。

试验计划一般包括如下内容：

(1) 试验与评定的目的要求。包括试验与评定的依据、目的、类别和要评定的项目。若维修性试验与其他工程试验结合进行，应说明结合的方法；

(2) 试验与评定的组织。包括组织领导、参试单位、参试人员分工、技术水平、数量的要求、参试人员的来源及培训等；

(3) 舰炮及试验场、资源的要求。包括对舰炮的来源、数量、质量要求；试验场(或单位)及环境的要求；试验用的保障资源(如维修工具、备附件、消耗品、技术文件和试验设备、安全设备等)的数量和质量要求；

(4) 试验方法。包括选定的试验方法及判决标准、风险率或置信度等；

(5) 试验实施的程序和进度。包括采用模拟故障时，故障模拟的要求及选择维修作业的程序；数据获取的方法和数据分析的方法(含有关统计记录的表格、计算机软件等)与分析的程序；特殊试验、重新试验和加试的规定；试验进度的安排等；

(6) 评定的内容和方法。包括对舰炮满足维修性定性要求程度的评定；满足定量要求程度的评定；维修保障资源的定性评定等；

(7) 试验经费的预算和管理；

(8) 订购方参加试验的有关规定和要求；

(9) 试验过程监督与管理要求；

(10) 试验及评定报告的编写内容、图表、文字格式及完成日期等要求。

二、选择试验方法

维修性定量指标的试验验证，在国军标 2072—94《维修性试验与评定》中规定了 11 种方法可供选择，如表 3-1 所示。选择时应根据合同中要求的维修性参数、风险率、维修时间分布的假设以及试验经费和进度要求等诸多因素综合考虑，在保证满足不超过订购方风险的条件下，尽量选择样本量小、试验费用省、试验周期短的方法。由订购方和承制方商定，或由承制方提出经订购方同意。对于舰炮，其维修性指标一般为平均故障修复时间。在维修表时间的各种分布中，对数正态分布是一种不对称分布，其特点是：修复时间特短的很少，大多数项目都能在平均修复时间内完成，只有少数项目维修时间拖得很长。因此，对于较复杂的装备，修复性维修时间遵从对数正态分布。当子样容量 $n \geqslant 30$ 时，用对数正态分布估计系统修复度有足够的可信度。舰炮集机械、电子、液压、光学等各种设备于一体，结构组成复杂，在众多的试验方法中，一般选择对数正态分布或未知分布作为分布假设，舰炮给定的维修时间指标一般是平均修复时间，选择试验方法时，通常选用汇总表中的方法 1。

表 3-1　试验方法汇总

方法	检验参数	分布假设	样本量	推荐样本量	作业选择	需要规定的参量
1—A	维修时间平均值	对数正态 方差已知	按不同试验方法确定	不小于 30	自然故障或模拟故障	μ_0，μ_1，α，β
1—B		分布未知 方差已知		不小于 30		
2	规定维修度的最大修复时间	对数正态 方差未知		不小于 30		T_0，T_1，α，β
3—A	规定时间维修度	对数正态				p_0，p_1，α，β
3—B		分布未知				
4	装备修复时间中值	对数正态		20		$\tilde{M}_{ct}$
5	每次运行应计入的维修停机时间	分布未知		50	自然故障	A，T_{CMD}/N T_{DD}/N，α，β
6	每飞行小时维修工时	分布未知				M_I，ΔM
7	地面电子系统的工时率	分布未知		不小于 30	自然故障或模拟故障	μ_R，β
8	维修时间平均值与最大修复时间的组合	对数正态			自然故障或随机(序贯)抽样	平均值及 M_{max} 的组合
9	维修时间平均值、最大修复时间	分布未知		不小于 30	自然故障或模拟故障	$\bar{M}_{ct}$，$\bar{M}_{pt}$，β $\bar{M}_{p/c}$，$M_{max\,ct}$
10	最大维修时间和维修时间中值	分布未知		不小于 50		$\tilde{M}_{ct}$，$\tilde{M}_{pt}$，β $M_{max\,ct}$，$M_{max\,pt}$
11	预防性维修时间	分布未知	全部任务完成			$\bar{M}_{pt}$，$M_{max\,ct}$

三、确定受试品

维修性试验与评定所用的受试品，应直接利用定型样机或从提交的所有受试品中随机抽取，并进行单独试验，也可以同其他试验结合用同一样机进行试验。根据舰炮试验现状，舰炮维修性试验一般利用定型样机与定型试验结合进行。

由于舰炮维修性试验的特征量是维修时间，样本量是维修作业次数，而不是受试品的数量，所以，对于只有一套被试舰炮参加试验是满足要求的。但注意对同一零部件不宜多次重复同样的维修作业，否则会因多次拆卸使连接松弛而丧失代表性。

四、培训试验人员

参试人员的构成应按核查、验证和评价的不同要求分别确定。维修性验证应按维修级别分别进行，参试人员应达到相应维修级别维修人员的中等技术水平。

选择和培训参加维修性验证的人员一般要注意以下几点：

(1) 应尽量选用使用单位的修理技术人员、技工和操作手，由承制方按试验计划要求进行短期培训，使其达到预期的工作能力，经考核合格后方能参试。

(2) 承制方的人员，经培训后也可参加试验，但不宜单独编组，一般应和使用单位人员混合使用，以免因心理因素和熟练程度不同而造成实测维修时间的较大偏差。

(3) 参试人员的数量，应根据该装备使用维修人员的编制或维修计划中规定的人数严格确定。

五、确定和准备试验环境及保障资源

维修性试验验证，应在具备装备实际使用条件的试验场所或试验基地进行，并按维修计划所规定的维修级别及相应的维修环境条件分别准备好试验保障资源，包括实验室、检测设备、环境控制设备、专用仪表、运输与储存设备以及水、电、气、动力、照明，成套备件，附属品和工具等。

舰炮维修性试验一般结合设计定型试验进行。其使用条件、维修环境条件等接近实际情况，基本满足试验要求。

第三节　舰炮维修性统计验证试验方案和实施方法

一、统计验证试验方案设计

维修性的重要参数是修复度 $M(t)$，即在规定的时间内和规定条件下完成系统修复的概率。$M(t)$ 是随机变量，根据本章第一节内容，本节主要讨论对数正态分布和分布未知时的统计验证方案。

1. 对数正态分布的检验方案

1) 使用条件

(1) 维修时间平均值的可接收值 μ_0 和高概率拒收值 $\mu_1\,(\mu_0 < \mu_1)$ 按合同规定。

(2) 同时控制承制方风险 α 和订购方风险 β，其值由合同规定。

按上述使用条件，用假设检验描述为：

原假设 H_0：$\mu=\mu_0$，即当维修时间均值 μ 等于 μ_0 时，以 $1-\alpha$ 的高概率接收。

备择假设 H_1：$\mu=\mu_1$，即当维修时间均值 μ 等于 μ_1 时，以 $1-\beta$ 的高概率拒收。

2) 样本量 n 和可接收上限 $\overline{Y}_U$ 的确定

因为假定维修时间服从对数正态分布，即时间的对数服从正态分布，$Y_i=\ln X_i \sim N(\theta,\sigma^2)$，其中 θ 和 σ^2 为时间对数的均值和方差。

试验样本对数的均值服从中心极限定理及渐近正态性，即样本 Y_1，Y_2，…，Y_n 是独立同分布的随机变量，且 $Y_i \sim N(\theta,\sigma^2)$。

令 P_μ 表示均值为 μ 时的接收概率；$\overline{Y}_U$ 表示均值可接收上限，则按检验假设有：

$\mu=\mu_0$ 时，即

$$P_{\mu_0}(Y \leqslant \overline{Y}_U)=1-\alpha \tag{3-29}$$

$\mu=\mu_1$ 时，即

$$P_{\mu_1}(Y \leqslant \overline{Y}_U)=\beta \tag{3-30}$$

P_{μ_0} 可写为

$$P_{\mu_0}(Y \leqslant \overline{Y}_U)=P_{\mu_0}\left(\frac{Y-\theta_0}{\sigma/\sqrt{n}} \leqslant \frac{\overline{Y}_U-\theta_0}{\sigma/\sqrt{n}}\right)=1-\alpha \tag{3-31}$$

根据样本均值的中心极限定理可得：

$$\left(\frac{\overline{Y}-\theta}{\sigma/\sqrt{n}}\right) \sim N(0,1)$$

$$\varPhi\left(\frac{\overline{Y}_U-\theta_0}{\sigma/\sqrt{n}}\right)=1-\alpha \tag{3-32}$$

而

$$\left(\frac{\overline{Y}_U-\theta_0}{\sigma/\sqrt{n}}\right)=Z_{1-\alpha}$$

于是，有

$$\overline{Y}_U=\theta_0+Z_{1-\alpha}\sigma/\sqrt{n} \tag{3-33}$$

同理，由 P_{μ_1} 可导出：

$$\overline{Y}_U=\theta_1+Z_{1-\beta}\sigma/\sqrt{n} \tag{3-34}$$

以上两式联解得：

$$n=\left(\frac{Z_{1-\alpha}+Z_{1-\beta}}{\theta_1-\theta_0}\right)^2\sigma^2 \tag{3-35}$$

由于在对数正态分布中，均值与对数均值有如下关系：

$$\mu = e^{\theta + \frac{1}{2}\sigma^2} \tag{3-36}$$

两边取对数可导出：

$$\theta = \ln\mu - \frac{1}{2}\sigma^2 \tag{3-37}$$

因此，可得到样本量及可接受上限的公式：

$$n = \left(\frac{Z_{1-\alpha} + Z_{1-\beta}}{\ln\mu_1 - \ln\mu_0}\right)^2 \sigma^2 \tag{3-38}$$

$$\overline{Y}_U = \theta_0 + Z_{1-\alpha}\sigma/\sqrt{n} = \ln\mu_0 - \frac{1}{2}\sigma^2 + Z_{1-\alpha}\sigma/\sqrt{n} \tag{3-39}$$

对数方差σ^2为未知时，根据中心极限定理，当试验样本充分大时，正态分布的统计量$\dfrac{\overline{X}-\mu}{d/\sqrt{n}}$收敛且服从$N(0,1)$标准正态分布，对对数正态分布则有

$$\frac{\overline{X}-\mu}{d/\sqrt{n}} = \frac{\sqrt{n}(\overline{X}-\mu)}{\mu\sqrt{e^{\sigma^2}-1}} \tag{3-40}$$

当样本量充分大时，统计量$\dfrac{\sqrt{n}(\overline{X}-\mu)}{\mu\sqrt{e^{\sigma^2}-1}}$服从标准正态分布。原假设成立时有$\dfrac{\sqrt{n}(\overline{X}-\mu)}{\mu\sqrt{e^{\sigma^2}-1}} = Z_0$，备择假设成立时有$\dfrac{\sqrt{n}(\overline{X}-\mu)}{\mu\sqrt{e^{\sigma^2}-1}} = Z_1$，设一临界值为$K$，为控制双方风险有下式成立：

$$\begin{cases} P\left(Z_0 > \dfrac{\sqrt{n}(K-\mu_0)}{\mu_0\sqrt{e^{\sigma^2}-1}}\right) = \alpha \\ P\left(Z_1 \leqslant \dfrac{\sqrt{n}(K-\mu_1)}{\mu_1\sqrt{e^{\sigma^2}-1}}\right) = \beta \end{cases} \tag{3-41}$$

当样本量大于 30 时近似有$P(Z_0 > z_{1-\alpha}) = \alpha$，所以$\dfrac{\sqrt{n}(K-\mu_0)}{\mu_0\sqrt{e^{\sigma^2}-1}} = z_{1-\alpha}$，同样，在样本量足够大时有$\dfrac{\sqrt{n}(K-\mu_1)}{\mu_1\sqrt{e^{\sigma^2}-1}} = z_\beta$，所以上面的方程组可表示为

$$\begin{cases} \dfrac{\sqrt{n}(K-\mu_0)}{\mu_0\sqrt{e^{\sigma^2}-1}} = z_{1-\alpha} \\ \dfrac{\sqrt{n}(K-\mu_1)}{\mu_1\sqrt{e^{\sigma^2}-1}} = z_\beta \end{cases} \tag{3-42}$$

式中，$z_{1-\alpha}$、z_{β}为标准正态分布的$1-\alpha$、β分位点。

解方程组可以确定临界值K和样本量n。

$$\begin{aligned} n &= \frac{(z_{1-\alpha}\mu_0 + z_{1-\beta}\mu_1)^2}{(\mu_1 - \mu_0)^2}(\mathrm{e}^{\sigma^2} - 1) \\ K &= \frac{(z_{1-\alpha} + z_{1-\beta})\mu_1\mu_0}{z_{1-\alpha}\mu_0 + z_{1-\beta}\mu_1} \end{aligned} \tag{3-43}$$

上面的推导基于中心极限定理，因此n应是足够大的正整数，从统计学意义讲一般认为大于等于 30 能满足要求。

3) 数据处理与定量评价

试验并记录其观测值X_1，X_2，…，X_n，并计算统计量：

维修时间对数样本均值为

$$\bar{Y} = \frac{1}{n}\sum_{i=1}^{n}\ln X_i \tag{3-44}$$

维修时间对数样本方差为

$$S^2 = \frac{1}{n-1}\sum_{i=1}^{n}(\ln X_i - \bar{Y})^2 \tag{3-45}$$

判决规则：

(1) 对数方差已知时的判决规则。

由可接受上限的公式(3-39)可转变为检验判决公式，如果$\bar{Y} \leqslant \ln\mu_0 - \frac{1}{2}\sigma^2 + Z_{1-\alpha}\sigma/\sqrt{n}$成立，则认为该舰炮符合维修性要求而接受，否则拒绝。

(2) 对数方差未知时的判决规则。

对数方差未知时，以其估值代替，根据临界值公式(3-43)进行判决，如果$\bar{X} \leqslant K$成立，则认为该舰炮符合维修性要求而接受，否则拒绝。

2. 未知分布时的统计方案

1) 使用条件

(1) 检验平均修复时间$\bar{M}_{ct}$、平均预防修复时间$\bar{M}_{pt}$、平均维修时间$\bar{M}$时，其时间分布和方差都未知；

(2) 维修时间定量指标的不可接受值应按合同规定，对$\bar{M}_{\max ct}$还应明确规定其百分位(维修度)p；

(3) 只控制订购方的风险β，其值由合同规定。

2) 统计试验方案

火炮平均修复时间分布类型未知，设火炮一组维修作业记录的平均修复时间为$X_1, X_2, \cdots, X_n$，样本量为n，规定平均修复时间的可接收值μ_0，不可接收值为μ_1($\mu_0 < \mu_1$)，生产方和使用方风险分别为α、β。下面研究试验评定所需样本的容量。

根据中心极限定理，样本量足够大时，统计量$\frac{\bar{X}-\mu}{\sigma/\sqrt{n}}$收敛且服从$N(0,1)$标准正态分布，设原假设成立时有 $\dfrac{\bar{X}-\mu}{\sigma/\sqrt{n}}=Z_0$，备择假设成立时有 $\dfrac{\bar{X}-\mu}{\sigma/\sqrt{n}}=Z_1$，设一临界值为 K，为控制双方风险有下式成立

$$\begin{cases} P(\bar{X}>K|H_0)=\alpha \\ P(\bar{X}\leqslant K|H_1)=\beta \end{cases} \tag{3-46}$$

由于 $\dfrac{\bar{X}-\mu}{\sigma/\sqrt{n}}$ 为单调函数，上式可写为

$$\begin{cases} P\left(Z_0>\dfrac{K-\mu_0}{\sigma/\sqrt{n}}\right)=\alpha \\ P\left(Z_1\leqslant\dfrac{K-\mu_1}{\sigma/\sqrt{n}}\right)=\beta \end{cases} \tag{3-47}$$

样本量充分大时，有

$$\frac{K-\mu_0}{\sigma/\sqrt{n}}=z_{1-\alpha} \tag{3-48}$$

$$\frac{K-\mu_1}{\sigma/\sqrt{n}}=-z_{1-\beta} \tag{3-49}$$

整理得

$$K=\mu_0+\frac{\sigma}{\sqrt{n}}z_{1-\alpha} \tag{3-50}$$

$$K=\mu_1-\frac{\sigma}{\sqrt{n}}z_{1-\beta} \tag{3-51}$$

$$\mu_0+\frac{\sigma}{\sqrt{n}}z_{1-\alpha}=\mu_1-\frac{\sigma}{\sqrt{n}}z_{1-\beta} \tag{3-52}$$

进一步整理可以得出样本量和临界值的计算公式如下：

$$\begin{gathered} n=\frac{(z_{1-\alpha}+z_{1-\beta})^2}{(\mu_1-\mu_0)^2}\sigma^2 \\ K=\frac{\mu_1 z_{1-\alpha}+\mu_0 z_{1-\beta}}{z_{1-\alpha}+z_{1-\beta}} \end{gathered} \tag{3-53}$$

上面两个式子就是分布未知时确定样本量和临界值的公式，样本量为不小于 30 的整数，当计算样本量小于 30 时取 30。式中 σ^2 未知时用样本观测值的方差代替。

这种方法基于中心极限定理，在大样本 $(n\geqslant30)$ 的基础上进行统计判决。

3) 数据处理与定量评价

修复时间样本均值：

$$\overline{x}_{ct}=\frac{\sum_{i=1}^{n_c}x_{cti}}{n_c} \tag{3-54}$$

修复时间样本方差：

$$\hat{d}_{ct}{}^2=\frac{1}{n_c-1}\sum_{i=1}^{n_c}(\overline{x}_{cti}-\overline{x}_{ct})^2 \tag{3-55}$$

判决规则：

对修复时间平均值，如果$\bar{M}_{ct}$(规定值)$\geqslant\overline{X}_{pt}+Z_{1-\beta}\dfrac{\hat{d}_{ct}}{\sqrt{n_p}}$成立，则平均修复时间符合要求，应接受；否则拒绝。

3. 确定样本量应注意的问题

维修作业样本量按所选取的试验方法中的公式计算确定，也可参考表 3-1 中所推荐的样本量。某些试验方案(如表 3-1 中试验方法 1 维修时间平均值的检验)，在计算样本量时还应对维修时间分布的方差作出估计。需要注意的是：

(1) 表 3-1 对不同试验方法列有推荐的最小样本量，这是经验值。如果样本量过小，会失去统计意义，导致错判，使订购方和承制方的风险增大。

(2) 时间随机变量的分布一般取对数正态分布。当在实际工作中不能肯定维修时间服从对数正态分布时，可先进行检验。若不是对数正态分布可采用表 3-1 中分布无假设的非参数法确定样本量，以保证不超过规定的风险。

(3) 表 3-1 中的一些方法要求时间对数标准差σ或时间标准差d为已知或取适当精度的估计值$\hat{\sigma}$(或$\hat{d}$)。其已知值σ(或d)或适当精度的估计值$\hat{\sigma}$(或$\hat{d}$)是利用近期 10～20 组一批数据的标准差或极差进行估计求得的。即算出每组的样本标准差S，再计算出这批S的平均值$\overline{S}$，则该批的标准差σ由下式估计：

$$\sigma=\frac{\overline{S}}{C} \tag{3-56}$$

式中　C——依赖于每组样本大小的系数。

当样本n>30 时，$C=1$，即$\sigma=\overline{S}$(参见 GB 8054－87《平均值的计量标准型一次抽样检查程序及表》)。这样求得的σ或d就已满足统计学上对σ或d为已知的要求。

(4) 当σ或d未知时，根据计量或计数标准型一次抽样方案计算可知，样本量要比σ或d已知时大。若新研产品确实无数据可查时，可选用σ未知的(S法)检验方案进行。此方案分两种情况：

① 未知σ或d，可由订购方和承制方根据以往经验商定双方可接受的σ或d值求出样本量，然后用S进行判决。也可根据类似产品的数据，确定该产品维修时间的事前估计值。根据美军的经验，对数正态分布的对数方差σ^2一般在 0.5～1.3 之间，可供估计时参考。

② 未知σ或d，可由订购方和承制方先商定一个合适的试抽样本量n_1(一般取所用试验方法要求的最小样本量，如用试验方法 1，则先取$n_1=30$)进行试验，求出样本标准

差S，作为批标准差的估计值，再计算所需的样本量n，若$n > n_1$时，再随机抽取差额$\Delta n = n - n_1$个样本予以补足；若$n < n_1$时，不再抽样，以试抽样本量进行试验。

二、舰炮维修性试验实施方法

1. 选择与分配维修作业样本

1) 维修作业样本的选择

所有的维修作业应按规定的维修级别完成。若在规定的条件下实施验证时，如果能保证在试验期间发生足够的维修作业次数，以满足所采用的试验方法中最小样本量的要求，则优先采用自然故障，而不需进行故障模拟。因此，对修复性维修的试验可用以下两种方法产生的维修作业：

(1) 优先选用自然故障所产生的维修作业。装备在功能试验、可靠性试验、环境试验或其他试验中发生的故障，均称为自然故障。由自然故障产生的维修作业，如果次数足以满足所采用的试验方法中的样本量要求时，则应优先采用这些维修作业作为样本，所记录的维修时间也可作为有效的数据用于维修性验证时的数据分析和判决。

(2) 选用模拟故障产生的维修作业。当自然故障所进行的维修作业次数不足时，可以通过对模拟故障所进行的维修作业次数补足。

为了缩短试验时间，经承制方和订购方商定也可采用全部由模拟故障所进行的维修作业作为样本。

预防性维修应按维修大纲规定的项目、工作类型及其间隔期确定试验样本。

2) 维修作业样本的分配方法

当采用自然故障所进行的维修作业次数满足规定的试验样本量时，不需要进行分配。当采用模拟故障时，在什么部位，排除什么故障，需合理地分配到各有关的系统单元或零部件上，以保证能验证舰炮整体的维修性。

维修作业样本的分配属于统计抽样的应用范围，是以装备的复杂性、可靠性为基础的。如果采用固定样本量试验法检验维修性指标，可运用按比例分层抽样分配法和专家估计维修频率分配法进行维修作业分配。如果采用可变样本量的序贯试验法进行试验，则应采用按比例的简单随机抽样法。

下面主要介绍按比例分层抽样法，其步骤如下：

(1) 列出舰炮的物理组成单元(分系统)，并将各单元(分系统)细分到指定维修的产品层次；

(2) 根据系统维修手册或技术说明书，列出各个可维修单元的所有维修作业，估计每项维修作业的维修时间M_{cti}；

(3) 列出每项维修作业对应的故障率λ_i或预防性维修的频率f_i，λ_i由可靠性试验或预计数据估计，f_i按预防性维修大纲规定；

(4) 列出需维修产品层次中每项产品的数目Q_i和每项产品的工作时间的加权系数T_i，对开机是全程工作的产品T_i等于 1，非全程工作产品T_i等于其工作时间与全程工作时间之比；

(5) 维修作业分组，在同一单元之内将维修活动相似和维修时间相近的维修作业并成一组，以便从中随机选择维修作业；

(6) 计算各组的故障率为 $(Q_i\lambda_i T_i)$ 及其相对发生频率 C_{pi}：

$$C_{pi}=\frac{Q_i\lambda_i T_i}{\sum_{i=1}^{m}Q_i\lambda_i T_i} \tag{3-57}$$

式中 m——分组数目；

(7) 分配预选维修作业样本量 N_i，总的预选样本 N 一般为试验样本量 n 的 4 倍，确定预选样本是为了正式试验提供足够的、可选择的样本源，保证抽样具有较高代表性。每个预选样本应作上标记或编号以供选用；

(8) 计算验证样本量 n_i：

$$n_i = nC_{pi} \tag{3-58}$$

正式试验时所需的样本应从预选样本中选取，每个预选样本只用一次。

(9) 当某一维修作业样本组内有两个以上的部件或模块时，可按上述方法在组内进行再分配。若某项维修作业被分配到某特定单元，而该单元又包含若干部件或模块，且各部件或模块的故障模式又各不相同时，则随机选择其中一个部件或模块进行模拟故障的维修作业。

2. 故障模拟与排除

1) 故障的模拟

根据确定的样本量、各单元或部件分配的故障，在某一维修级别，进行故障模拟，一般采用人为方法进行故障的模拟。对不同类型的装备可采用不同的模拟故障(或称注入故障)方法，应根据故障模式及原因分析选择。常用的模拟故障方法有：

(1) 用故障件代替正常件，模拟零件的失效或损坏；

(2) 接入附加的或拆除不易察觉的元件，模拟安装错误和元件丢失；

(3) 故意造成元件失调变位。

舰炮由多个设备组成，可根据设备特点采用相应的故障模拟方法，对于电气和电子设备可用：

(1) 人为制造断路或短路；

(2) 接入失效元件；

(3) 使部件、组件失调；

(4) 接入折断的连接件、插脚或弹簧等。

对于机械和电动机械的设备可用：

(1) 接入折断的弹簧；

(2) 使用已磨损的轴承、失效密封装置、损坏的继电器和断路、短路的线圈等；

(3) 使部件、组件失调；

(4) 使用失效的指示器、损坏或磨损的齿轮、拆除或使键及紧固件连接松动等；

(5) 使用失效或磨损的零件等。

对于光学系统可用：

(1) 使用脏的反射镜或有霉雾的透镜；

(2) 使零件、元件失调变位；

(3) 引入损坏的零件或元件；

(4) 使用有故障的传感器或指示器等。

模拟故障应尽可能真实、接近自然故障。基层级维修，以常见故障模式为主。可能危害人员和产品安全的故障不得模拟。模拟故障过程中，参加试验的维修人员应当在事先不知道模拟故障的情况下去排除故障。

2) 故障排除

由经过训练的维修人员排除故障，并专人记录维修时间。完成故障检测、隔离、拆卸、换件或修复原件、安装、调试及检验等一系列维修活动，称为完成一次维修作业。在排除的过程中必须注意：

(1) 只能使用根据维修方案规定的维修级别所配备的备件、附件、工具、检测仪器和设备，不能使用超过规定范围或使用上一维修级别所专有的设备；

(2) 按照本级维修技术文件规定的修理程序和方法；

(3) 人工或利用外部测试仪器查寻故障及其他作业所花费的时间均应计入维修时间中；

(4) 对于不同诊断技术或方式(例如，人工、外部测试设备或机内测试系统)所花费的检测和隔离故障的时间应分别记录，以便判别哪种诊断技术更有利。

3. 预防性维修试验

在舰炮维修性验证试验中，预防性维修时间试验常作为维修性指标进行专门试验(表3-1 中方法 11)，但即使试验大纲中未明确对预防性维修指标进行试验，也应根据预防性维修大纲规定的频数和项目进行预防性维修，并做好记录，供评定时使用。

三、收集、分析与处理维修性数据

1. 维修性数据的收集

收集试验数据是维修性试验中的一项关键性的重要工作。为此，试验组织者需建立数据收集系统，包括：成立专门的数据资料管理组，制定各种试验表格和记录卡(数据记录卡见表 3-2、表 3-3)，并规定专职人员负责记录和收集维修性试验数据。除模拟故障外，还应收集包括在功能试验、可靠性试验、使用试验等各种试验中的故障、维修与保障的原始数据。对于与定型试验结合进行的舰炮维修性验证试验，收集定型试验中的自然故障、模拟故障及维修与保障的原始数据，从而建立数据库供数据分析和处理时使用。

表 3-2　修复性维修数据记录卡

<table>
<tr><td>试验日期</td><td>年　月　日</td><td>卡号</td><td></td></tr>
<tr><td rowspan="3">序号</td><td>分系统设备名称</td><td colspan="2">故障样本名称</td></tr>
<tr><td></td><td colspan="2"></td></tr>
<tr><td colspan="3">观测时间</td></tr>
<tr><td>1</td><td>诊断时间</td><td colspan="2"></td></tr>
<tr><td>2</td><td>拆卸时间</td><td colspan="2"></td></tr>
<tr><td>3</td><td>更换时间</td><td colspan="2"></td></tr>
</table>

(续)

试验日期	年　月　日	卡号	
4	重装时间		
5	修复后检验时间		
6	总修复时间 i		
情况记录			
会　签			

表 3-3　预防性维修数据记录卡

试验日期	年　月　日	卡号	
序号	分系统设备名称	维修作业名称	
	观测时间		
1	维修准备时间		
2	功能检测时间		
3	更换备件时间		
4	恢复状态时间		
5	修复后检验时间		
6	总修复时间 i		
情况记录			
会　签			

在验证与评价中需要收集的数据，应由试验的目的决定。维修性试验的数据收集不仅仅是为了评定舰炮的维修性，而且还要为维修工作的组织和管理(如维修人员配备、备件的储备等)提供数据。因此，在验证和评价中必须系统、全面地收集各种情况的试验数据。

此外，还应把不属于设计特性所引起的延误时间(如行政管理时间、工具设备零(元)件供应的延误时间、工具仪器设备因出故障所引起的维修延误时间)等记录下来，作为研究产品或系统的使用可用度、计算总停机时间的原始资料。一些用于观察数据的辅助手段，如慢速或高速摄影、静物照相、磁带记录器、录像、秒表的精度和型号亦应记录，以供分析时参考。

试验所累积的历次维修数据，可供该产品维修技术资料的汇编、修改和补充之用。

2. 维修性数据的分析和处理

首先应将收集的维修性数据加以鉴别区分，除特别明确不应记在内的以外，所有的直接维修停机时间或工时，只要是记录准确有效的，都是有用数据，供统计计算之用。但由以下几种情况引起的维修应不计：

(1) 不是由承制方提供的维修方法或技术文件造成的维修差错或使用差错；

(2) 意外损伤的修复；

(3) 明显地超出承制方责任的供应与管理延误；

(4) 使用超出正常配置的测试仪器的维修；

(5) 在维修作业实施过程中发生的非正常配置的测试仪器的安装；

(6) 产品改进的时间。

利用经鉴别区分确认的所有有效数据进行统计计算，统计计算一般选用 GJB2072 中适合的方法，也可选用经批准的其他方法计算维修性参数和合格判据，判决舰炮维修性是否达到规定要求。

四、舰炮维修性评价

1. 定性要求的评价

通过演示或试验，检查是否满足维修性与维修保障要求，作出结论。若不满足，写明哪些方面存在问题，限期改正等要求。

维修性演示一般在实体模型、样机或产品上，演示项目为预计要经常进行的维修活动。重点检查维修的可达性、安全性、快速性，以及维修的难度、配备的工具、设备、器材、资料等保障资源能否完成维修任务等。

2. 定量要求的评价

根据统计计算和判决的结果作出该装备是否满足维修性定量要求的结论。必要时可根据维修性参数估计值评定装备满足维修性定量要求的程度。下面是维修时间平均值μ、方差d^2的估计方法。

1) μ和d^2的点估计

舰炮维修性服从对数分布还是未知分布，维修时间平均值μ的点估计$\hat{\mu}$均用式(3-59)计算

$$\hat{\mu}=\frac{1}{n}\sum_{i=1}^{n}X_i \tag{3-59}$$

式中　n——样本量；

X_i——第i次维修作业时间。

方差d^2的点估计为

$$\hat{d}^2=\frac{1}{n-1}(X_i-\bar{X})^2 \tag{3-60}$$

式中　n——样本量；

$\bar{X}$——维修时间均值，$\bar{X}=\hat{\mu}$。

2) μ的区间估计

分布未知时，μ的区间估计如下：

设给定置信水平为$1-\alpha$，则单侧置信区间为[0，μ_u]，其中上限μ_u为

$$\mu_u=\hat{\mu}+Z_{1-\alpha}\frac{\hat{d}}{\sqrt{n}}$$

双侧置信区间为[μ_L，μ_u]，其中μ_L、μ_u分别为

维修时间平均值下限：
$$\mu_L=\hat{\mu}+Z_{\alpha/2}\frac{\hat{d}}{\sqrt{n}} \tag{3-61}$$

维修时间平均值上限：

$$\mu_u = \hat{\mu} + Z_{1-\alpha/2}\frac{\hat{d}}{\sqrt{n}} \tag{3-62}$$

假设舰炮维修时间服从对数正态分布，对数均值为θ、对数方差为σ^2，即$Y = \ln X \sim N(\theta,\sigma^2)$，修复性维修样本量为$n$，第$i$次维修作业时间为$X_i$，根据试验样本可以得到样本的平均修复时间$\bar{X}$和方差$\hat{d}^2$。

$$\hat{\mu} = \bar{X} = \frac{1}{n}\sum_{i=1}^{n} X_i \tag{3-63}$$

$$\hat{d}^2 = \frac{1}{n-1}\sum_{i=1}^{n}(X_i - \bar{X})^2 \tag{3-64}$$

基于样本的对数均值θ、对数方差σ^2的估计分别为

$$\hat{\theta} = \bar{Y} = \frac{1}{n}\sum_{i=1}^{n}\ln X_i \tag{3-65}$$

$$\hat{\sigma}^2 = \frac{1}{n-1}\sum_{i=1}^{n}(\ln X_i - \hat{\theta})^2 \tag{3-66}$$

根据对数正态分布的性质有

$$\hat{\mu} = \mathrm{e}^{\hat{\theta}+\frac{1}{2}\hat{\sigma}^2} \tag{3-67}$$

$$\hat{d}^2 = \hat{\mu}^2(\mathrm{e}^{\hat{\sigma}^2} - 1) \tag{3-68}$$

设给定置信水平为$1-\alpha$，则单侧置信区间为[0, μ_u]，其中上限μ_u为

$$\mu_u = \hat{\mu} + Z_{1-\alpha}\frac{\hat{d}}{\sqrt{n}} \tag{3-69}$$

3) 维修性定量指标与保障性的关系

维修性定量指标是舰炮保障性的重要指标之一，较高的维修性必然带来保障性的提高，主要体现在满足作战需求的可用度指标上，固有可用度：

$$A_i = \frac{T_{BF}}{T_{BF} + \overline{M}_{ct}} = \frac{1}{1 + \dfrac{\overline{M}_{ct}}{T_{BF}}} \tag{3-70}$$

式中 T_{BF}——平均故障间隔时间 MTBF。

由上式可以看出，平均修复时间$\overline{M}_{ct}$越短，舰炮满足作战需求的可用度就越高，保障性越好。但保障性是对作战需求的一个综合性的要求，维修性不是影响保障性的唯一指标，如果舰炮可靠性较高(T_{BF}大)，也会使平均故障修复时间与平均故障间隔时间的比值减小，从而使保障性提高。也就是说，如果可靠性增大，就能够减少停机时间和维修工作量，使保障性提高；如果平均修复时间减少，也会使保障性提高。这两点在保障性

设计上要综合考虑，在保障性评价上也要综合衡量。

五、舰炮维修性试验案例

舰炮维修性评定分为定性评定和定量评定。

定性评定通过演示或试验，检查是否满足维修性与维修保障要求，作出结论。定性评定的主要内容有维修设计因素、保障因素、人的因素三个方面，由于舰炮的维修性与维修保障资源是相互联系、互为约束的，故在评价维修性的同时，需评价保障资源是否满足维修工作的需要，并分析维修作业程序的正确性；审查维修过程中所需维修人员的数量、素质、工具与测试设备、备附件和技术文件等的完备程度和适用性。

从设计角度检查火炮的维修是否可达，有身体可达性、工具可达性、故障诊断可达性等，检查维修时零件、元器件是否有防差错设计，备件更换后是否需要调试，电气系统是否有检查故障的测试点等。

通过自然故障和模拟故障的维修，检查维修对测试设备、技术资料、专用工辅具的需求情况，维修过程中检查试验前培训的人员是否满足要求，是否需要生产厂(所)的配合，对保障需求作出定性评定。

在故障排除过程中记录对人员的需求情况，对人员要求作出评定，主要有人员数量、文化程度、培训时间、人员体质等。

根据定性试验的目的和内容，试验前要根据维修性的有关国家标准和国家军用标准及合同规定的要求制定的检查项目核对表，在试验的实施方案中可进一步细化定性评定内容以及明确试验中应完成的维修任务，在试验实施中结合维修操作演示进行检查，详细记录维修操作过程和结果，在评定时采用专家打分的方法进行。

定性评定是对装备的维修性指标进行验证，要求在自然故障或模拟故障条件下，依据试验中得到的数据，根据统计计算和判决的结果作出该装备是否满足维修性定量要求的结论。下面针对维修性定量要求的评定，进行舰炮维修性验证试验方案设计的举例，在按方案完成定量要求规定维修作业时，定性要求应完成的主要检查、操作内容基本都能够得到检查、记录和验证。

舰炮是较复杂的装备，维修时间分布一般选用对数正态分布。对数正态分布是一种不对称分布，其特点是：修复时间特短的很少，大多数项目都能在平均修复时间内完成，只有少数项目维修时间拖得很长。下面以某舰炮电气系统平均修复时间为例介绍试验统计验证方案。

某舰炮《研制任务书》中规定随动系统平均修复时间(舰员级)可接受值 $\mu_0 = 30\text{min}$，不可接受值 $\mu_1 = 45\text{min}$，双方风险 $\alpha = \beta = 0.05$，按常规选维修时间服从对数正态分布，对该舰炮电气系统平均修复时间进行统计验证。

1. 对数方差已知时的验证

1) 确定维修性试验样本量

由规定的双方风险查表可得 $Z_{1-\alpha} = Z_{1-\beta} = Z_{0.95} = 1.65$，若已知对数方差 σ^2=0.4，则由式(3-38)可得

$$n=\left(\frac{Z_{1-\alpha}+Z_{1-\beta}}{\ln\mu_1-\ln\mu_0}\right)^2\sigma^2=\left(\frac{1.65+1.65}{\ln 45-\ln 30}\right)^2\times 0.4=26.50\approx 27$$

根据试验方案规定样本量最小为 30，为保证维修性试验的可信性，取样本量 30。

2) 维修性试验样本分配

维修性试验优先选用自然故障所产生的维修作业，当自然故障所进行的维修作业次数不足时，可以通过对模拟故障所进行的维修作业次数补足，有时为了缩短试验时间，经承制方和订购方商定也可采用全部由模拟故障所进行的维修作业作为样本。自然故障不需要分配，本案例假设在前期试验中没有自然故障，30 个维修性试验样本全部选用模拟故障，维修试验样本分配步骤如下：

(1) 根据随动系统设计资料绘制结构图和维修性功能图，细化到可更换、维修单元，随动系统维修性功能层次见图 3-1；

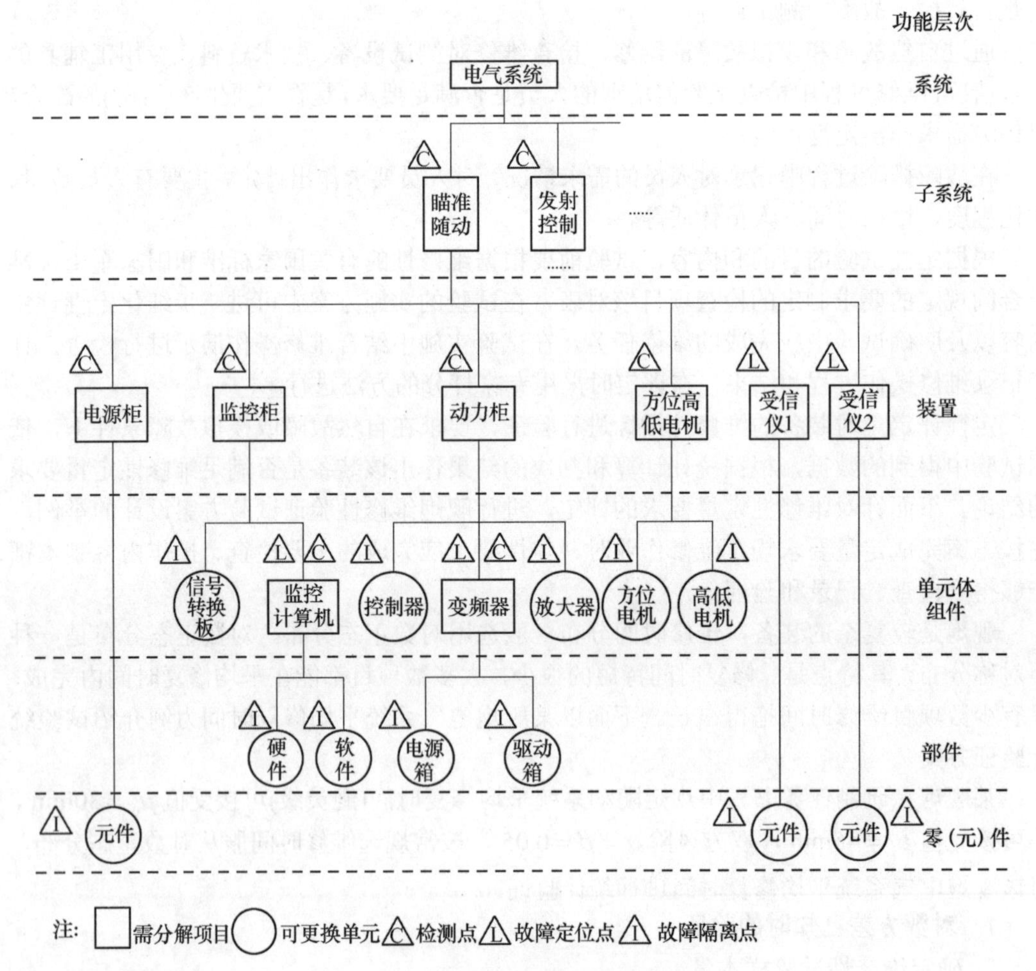

图 3-1 随动系统维修性功能层次图

(2) 作表分步统计计算和分配验证试验样本(表中数据均为假设)。列出随动系统的组成和基层级维修作业项目；

(3) 估计每项维修作业的修复时间；

(4) 根据设计资料填写每项维修模块的故障率；

(5) 统计每个维修模块的产品数量；

(6) 根据随动系统工作原理估计每个模块的工作时间系数；

(7) 将维修作业项目分组，计算各组的故障率；

(8) 计算相对发生频率；

(9) 根据相对发生频率，将 30 个试验样本分配到每组维修作业；

(10) 将试验样本用四舍五入的方法进行规整。

规整后的试验样本之和为 29 个，小于 30 个，此时将没有分配到维修作业的维修单元按故障相对发生频率从大到小的顺序排列，将剩余的故障再次进行分配，故障发生频率相同时随机抽取，分配结果见表 3-4。

表 3-4　某型火炮随动系统维修作业样本分配实例

组成	需维修部位	维修作业	估计维修时间	故障率 $\lambda_i\ (\times 10^{-6})$	产品数量 Q_i	工作时间系数 T_i	累计故障率 $Q_i\lambda_i T$	相对发生频率 C_{pi}	试验样本 n_i	规整
电源柜	开关	检查更换	0.2	1.25	3	1	3.75	0.01	0.3	1
	变压器	检查更换	0.5	1	2	1	2	0.005	0.15	
	保险	检查更换	0.2	4	3	1	12	0.03	0.9	1
监控柜	工控机	拆卸换件	0.5	4	1	1	4	0.01	0.3	
	信号转换板	检查更换	0.5	16	4	0.8	51.2	0.15	4.5	5
	软件	检查重装	0.5	2.5	1	1	2.5	0.0066	0.2	
动力柜	控制器	拆卸换件	0.5	20	4	0.8	64	0.188	5.6	6
	电源箱	检查更换	0.5	5	2	0.4	4	0.01	0.3	
	驱动箱	检查更换	0.5	10	2	0.4	8	0.024	0.7	1
	放大器	检查更换	0.5	15	2	0.4	12	0.035	1.05	1
受信仪	自整角机	检查更换	0.5	20	8	0.8	128	0.377	11.3	11
	传动齿轮	检查调整	0.5	5	16	0.6	48	0.14	4.2	4
合计							339.45	1		30

3) 进行故障模拟并根据记录结果进行统计判断

维修性试验得到观测值如下(单位 min)：

26　14　21　30　70　69　20　21　18　65　16　35　26　16　40　28　42　33　19　19　43　54　12　18　13　26　10　50　21　31

将观测值代入式(3-34)和式(3-35)得

$$\overline{Y}=\frac{1}{30}\sum_{i=1}^{30}\ln X_i=3.27\,,\quad S^2=\frac{1}{29}\sum_{i=1}^{30}(\ln X_i-\overline{Y})^2\approx 0.28$$

检验判决公式中

$$\ln\mu_0-\frac{1}{2}\sigma^2+Z_{1-\alpha}\sigma/\sqrt{n}=\ln30-\frac{1}{2}\times0.4+1.65\times\sqrt{0.4}/\sqrt{30}=3.39$$

由于$\overline{Y}=3.27<3.39$，所以判定该舰炮电气系统平均修复时间符合要求。

2. 对数方差未知时的验证

对数方差σ^2未知时，试验方案同前，对数方差可用其估值代替进行验证，统计计算如下：

由规定的双方风险可得$Z_{1-\alpha}=Z_{1-\beta}=Z_{0.95}=1.65$，设对数方差$\sigma^2$估值为0.4，则由式(3-43)可得

$$n=\frac{(1.65\times30+1.65\times45)^2}{(45-30)^2}(e^{0.4}-1)=33.4\approx34$$

$$K=\frac{(1.65+1.65)\times30\times45}{1.65\times30+1.65\times45}=36$$

维修性试验得到观测值如下(单位 min)：

26 14 21 30 70 69 20 21 18 65 16 35 26 16 40 28 42 33 19 19 43 54 12 18 13 26 10 50 21 31 42 30 46 24

根据得到的观测值，计算统计均值

$$\overline{X}=\frac{1}{34}\sum_{i=1}^{34}X_i=30.8$$

由于$\overline{X}=30.8<36$，所以判定该舰炮电气系统平均修复时间符合要求。

第四章　舰炮测试性试验与评价

测试性作为装备的一种设计特性，与装备可靠性、维修性一样，是构成武器装备保障性设计特性的重要组成部分。随着高新技术在装备中的应用，新型舰炮的技术含量、自动化程度越来越高，结构越来越复杂，必然给测试和维修带来很多困难，因此，舰炮测试性受到研制单位和使用部门的高度重视。测试性的优劣需要验证和评价，本章重点介绍舰炮定型阶段测试性试验与评价。

第一节　概　　述

一、舰炮测试性定义及验证试验内容

1. 舰炮测试性定义

舰炮测试性是指舰炮系统能及时准确地确定其状态(可工作、不可工作或性能下降)，并隔离其内部故障的一种设计特性。测试性的设计目标是完成性能检测、故障检测、故障隔离、虚警抑制、故障预测等测试功能。

舰炮测试性具有与可靠性、维修性同等重要的位置，是构成舰炮武器保障设计特性的重要组成部分。舰炮测试性与其他质量特性之间的关系如图 4-1 所示。可以看出，舰炮测试性是舰炮可靠性设计与舰炮维修保障设计之间的重要纽带，是确保舰炮战备完好性、任务成功性要求得到满足的重要中间环节。

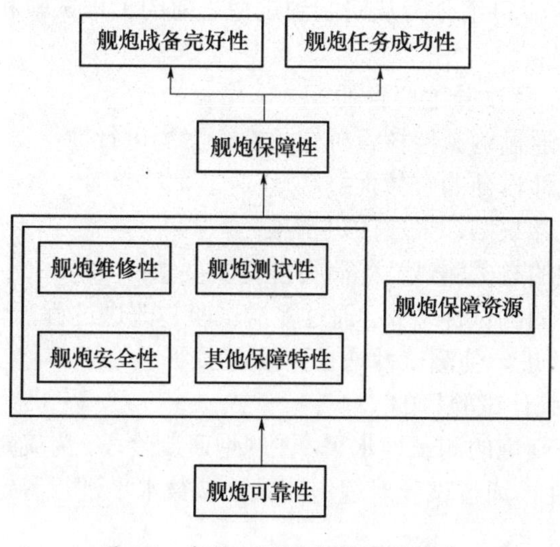

图 4-1　舰炮测试性与保障性关系

装备的测试性好，则会提高装备维修性，否则若装备的可靠性不好，则维修任务多，必然测试工作繁重，影响维修性的提高。可靠性、维修性与测试性是密不可分的保障设计特性。

通过良好的测试性设计，可以提高舰炮的战备完好性、任务成功性，减少维修人力及其他保障资源，降低寿命周期费用。测试性是由设计赋予装备的特性，测试性的好坏需要通过验证才能知道是否满足设计和使用要求，因此，对舰炮测试性进行验证试验是舰炮设计定型阶段的重要工作之一。

2. 舰炮测试性试验验证的内容

舰炮测试性试验验证的内容有：

(1) 舰炮系统检查差错的能力；

(2) 机内检测对故障检测与隔离的能力；

(3) 测试设备与舰炮的兼容性、匹配性；

(4) 测试设备的故障检测与隔离能力；

(5) 故障词典、诊断手册、故障检测方法等技术文件的充分性、适用性；

(6) 各种检测手段的故障隔离率、检测率；

(7) 故障检测与隔离时间是否符合要求；

(8) 虚警率是否符合要求；

(9) 其他测试性要求的符合性。

二、舰炮测试性试验目的

舰炮测试性试验目的是确认舰炮测试性设计与分析的正确性、识别设计缺陷、检查新研制的舰炮是否完全实现了测试性设计、合同要求和部队使用要求。测试性试验与评价分为测试性研制试验与评价和测试性使用试验与评价两个阶段。

测试性试验与评价的目的主要有如下几点。

1. 研制阶段的测试性核查、研制试验与评价

研制阶段试验进一步可细分为从研制到定型之前的工程试验和定型阶段的测试性统计试验。主要目的如下：

1) 研制阶段初期工程试验主要目的

(1) 测试性核查，通过测试性核查确定诊断方案的可行性；

(2) 检验舰炮测试性设计的有效性；

(3) 发现测试性设计缺陷，采取改进措施；

(4) 初步评估舰炮的有关测试性是否可能达到要求；

(5) 实现研制阶段的测试性增长。通过多次试验与改进过程，不断发现测试性设计缺陷，进行测试性设计改进，使测试性增长到指定水平。

2) 在定型阶段的统计试验目的

(1) 鉴定或者验证舰炮的测试性水平。在舰炮研制阶段，为确定舰炮测试性水平与测试性设计要求的一致性，通过试验对舰炮测试性参数水平进行鉴定、验证，判定是否满足规定的测试性设计要求。

(2) 验收舰炮的测试性水平。在舰炮生产阶段，为确定交付舰炮的测试性水平与测试性设计要求的一致性，通过试验对舰炮测试性参数水平进行鉴定或验证，判定是否满足规定的测试性设计要求。

2. 使用阶段的测试性使用试验与评价

使用阶段测试性试验分为两个阶段：一是部队试验，二是初始部署试验。主要目的如下：

(1) 评价舰炮实际达到的测试性水平；

(2) 必要时，提供改进舰炮测试性的建议；

(3) 实现使用阶段的测试性增长；

(4) 收集试验阶段测试性信息，为测试性评价、改进和研制新型舰炮提供支持。

三、舰炮测试性定量要求和定性要求

舰炮测试性要求在研制总要求和测试性技术规范中规定，一般分为定量要求和定性要求，同时在测试性技术规范中明确试验时机和试验内容。

1. 定量要求

目前一般只规定 FDR(故障检测率)、FIR(故障隔离率)、FAR(虚警率)指标，未规定故障检测与隔离时间、CNDR(不能复现率)、RTOKR(重测合格率)等指标。所以，舰炮测试性验证时定量考核的重点是 FDR、FIR、FAR 三个指标，定量要求包括：

(1) BIT 检测和隔离故障的能力要求(故障检查率、故障隔离率)；

(2) 测试设备及有关的测试程序集(TPS)的检测与隔离故障的能力要求；

(3) 虚警率或平均虚警间隔时间要求；

(4) 故障检测和隔离时间要求等。

2. 定性要求

定性要求是研制总要求中规定的舰炮测试性要求中未定量的全部内容。具体要求包括以下方面：

(1) 舰炮结构划分与性能监控要求、故障指示与存储要求、有关中央测试系统配置要求；

(2) BIT 工作模式设置、BIT 指示与脱机测试结果一致性要求；

(3) 测试点设置、原位检测要求；

(4) 被测舰炮与所用外部测试设备的兼容性；

(5) 有关故障字典、检测步骤、人工查找故障等技术文件的适用性和充分性要求；

(6) 外部测试设备配置及自动化程度的符合性要求；

(7) 利用所有测试资源的综合测试能力要求等。

四、舰炮测试性试验与评价程序

舰炮测试性试验与评价的程序如下：

(1) 明确测试性定性和定量要求；

(2) 制定测试性验证大纲、计划，建立验证试验组织；

(3) 依据测试性验证计划规定，完成试验舰炮及测试设备的准备工作；

(4) 设计舰炮的测试性试验验证方案，明确试验组织方式(单独进行还是与性能试验和可靠性、维修性试验结合进行)、故障部位和注入方式。设计试验参数，包括风险率、置信水平、某一维修级别自然故障和模拟故障样本量、故障检测率和隔离率等参数的检验临界值；

(5) 依据试验方案实施故障注入，可利用简单工具进行手工操作方式注入故障，也可以利用注入设备实施半自动化操作方式注入故障；

(6) 在试验过程中，将故障及其检测、隔离数据以及虚警数据填入数据记录表；

(7) 对记录的数据进行综合分析，统计故障检测与隔离成功的样本数量，评估 FDR 和 FIR 的量值，根据试验方案进行判决；

(8) 编写舰炮测试性试验验证报告；

(9) 组织评审，确认舰炮的测试性验证结果。

五、试验一般要求

1. 被试舰炮状态

参加测试性验证试验的舰炮应该是装配完整、性能合格、准备用于定型试验的正样机，规定的有关技术文件资料成套并提供齐全，与舰炮配套的测试设备和接口设备完整，满足开展试验的要求。

2. 舰炮测试性验证试验时机

舰炮测试性验证试验可以单独进行，但最好结合定型试验进行，这样有助于试验数据的全面搜集和资源节约。

3. 舰炮测试性验证试验内容

舰炮测试性验证试验要考核的内容包括研制总要求和技术规范中规定的测试性设计的定量要求和定性要求。

4. 舰炮测试性验证试验大纲和计划

舰炮测试性有其自己的特点，应单独确定验证试验大纲和实施计划。如果不能从其他试验中获得足够数据，在条件允许时，应单独组织测试性验证试验。

在设计阶段结束之前，根据舰炮研制工作计划、技术合同规定的测试性验证要求，以及舰炮其他试验的安排和有关条件，制定总的测试性验证大纲或测试性验证要求，有关系统或设备应依据舰炮验证大纲或验证要求和本身特点制定验证试验计划。

5. 舰炮测试性验证试验的组织管理

舰炮测试性验证试验由订购方和承制方共同完成，应做好有关组织与管理工作。一般应成立验证工作领导小组和验证试验工作组，明确领导小组和试验工作组职责、人员分工与培训、场地与保障器材、验证经费等。若测试性验证与维修性验证同时进行时(推荐)，则组织管理工作应合二为一。

6. 舰炮测试性验证试验与其他试验的关系

根据试验需求和技术的可行性，尽可能将舰炮测试性验证试验与其他试验相结合，如维修性试验、可靠性试验、舰炮性能试验以及舰炮试运行试验等。

六、测试性验证试验技术文书

测试性验证试验技术文书主要有测试性验证试验大纲、试验计划、试验结果分析报告。试验前制定试验大纲，大纲的主要内容有试验依据、试验性质、试验目的、试验时间地点、试验条件、试验项目、验证方案、试验评定标准、试验组织分工、试验保障条件及其他需要说明的问题。

依据试验大纲制定试验实施计划，按计划完成试验后编写试验结果分析报告，试验结果分析报告主要内容有试验基本情况(包括试验依据、试验目的、性质、试验起止时间、参试设备、参试单位等)、试验项目及实施情况、验证方案及试验数据、参数估计方法及评估结论、问题及建议等。

第二节　舰炮测试性验证试验方案

舰炮测试性验证试验是指采用演示检测和隔离故障的方法，评定舰炮系统是否达到规定测试性要求的过程。试验时需要注入、模拟足够数量的故障样本，利用手动检测、机内设备检测、外部检测设备检测等多种故障检测方法，记录故障检测、隔离所需时间、故障检测率、隔离率等相关数据，评价舰炮测试性是否满足规定的要求，为测试性改进和舰炮定型提供依据。本节重点介绍定型阶段舰炮测试性验证试验方案及其评价。

一、舰炮故障检测率、隔离率验证试验方案

二项分布统计验证试验方案中的参数：

q_0——FDR 或 FIR 检验上限值。是可以接收的测试性水平。当被试设备的 FDR 或 FIR 真值接近θ_0时，以高概率接收该设备。

q_1——FDR 或 FIR 检验下限值。是低概率接收的测试水平。当被试设备的 FDR 或 FIR 真值接近θ_1时，以低概率接收该设备。

d——鉴别比。对二项分布试验方案有

$$d=(1-q_1)/(1-q_0)$$

若给出故障检测或隔离不成功率λ、高概率拒收概率为λ_1，高概率接收概率为λ_0，其鉴别比为

$$d=\lambda_1/\lambda_0$$

α——生产方风险。当被试设备的 *FDR* 或 *FIR* 真值等于或大于q_0时被拒收的概率。此概率应低于α。

β——使用方风险。当被试设备的 FDR 或 FIR 真值等于或小于q_1时被接收的概率。此概率应低于β。

q_L——FDR 或 FIR 置信下限值。

q_U——FDR 或 FIR 置信上限值。

C——置信水平。

n——样本量。

F——故障检测或隔离失败的判别数。

验证试验方案设计的主要工作是确定试验方案参数，主要有测试性试验检验值(q_0、q_1)、样本量 n、样本分配方案和合格判定门限值 c 及参数估计方法。

根据研制总要求、合同和技术规范给出的测试性定量要求，综合考虑试验费用和设计试验验证方案。由于故障检测率及隔离率的指标形式不同，可采用不同的设计方法，下面分别进行介绍。

1. 根据置信水平和最低可接收值确定试验与评价方案

1) 确定样本量

故障检测率、隔离率是指舰炮发生故障时检测、隔离的成功率，舰炮测试性与可靠性、维修性密不可分，因此，可根据舰炮可靠性指标(如故障率)，结合舰炮组成功能模块，综合考虑试验的充分性和经济性确定试验样本量，样本量确定步骤可分为以下三步。

(1) 根据试验所需样本的充分性来确定样本量。

故障隔离是要求将故障隔离到舰炮的各组成单元，所以各组成单元的功能故障都需要进行检验，为了达到试验的充分性，在对舰炮各组成单元的功能故障模式、故障率及注入方法分析的基础上，保证各舰炮组成单元每一功能故障至少有 1 个样本。所以，保证充分检验舰炮所需故障样本量 n_1 为

$$n_1 = \frac{\lambda_U}{\lambda_{\min}} \quad (\text{取整数}) \tag{4-1}$$

式中 n_1——充分检验舰炮所需样本量；

λ_U——舰炮的故障率；

$\lambda_{\min}$——舰炮各组成单元功能故障的故障率中最小的故障率值。

某一功能故障的故障率等于与该功能有关的所有元器件故障率之和，如果 $\lambda_{\min}$ 值比平均值小很多，为避免 n_1 过大可选用次小的 λ 值计算 n_1 值。

(2) 考虑验证指标的统计评估要求确定最少样本量。

验证试验所需故障样本量的下限为

$$n_2 = \frac{\lg(1-C)}{\lg q_1} \tag{4-2}$$

式中 q_1——测试性指标的最低可接受值；

n_2——达到 q_1 所需最低样本量，应为正整数；

C——置信水平。

可以依据 q_1 和 C 的要求值，查附录四的附表 4-1(最小样本量数据表)得出 n_2 的量值。如果试验用样本量小于 n_2 值，即使检测、隔离都成功也达不到规定的最低可接收值 q_1。

(3) 综合确定试验所需样本量。

为了使试验充分和满足统计评估要求，样本量 n 应在 n_1、n_2 中取大的。

$$n = \max(n_1, n_2)$$

如果出现 $n_2 > n_1$ 的情况，可分别给故障率高的功能故障增加样本，一直到要求的样本数。

2) 样本量分配

测试性试验如果单独进行，试验样本确定后要进行故障注入(故障模拟)，根据舰炮各组成单元故障率，将样本量n按比例分配给舰炮各组成单元。如果测试性试验与可靠性、维修性或其他性能试验结合进行，在统计自然故障的基础上，将自然故障分类和分级，确定还需要模拟的故障数，将模拟故障分配到舰炮各组成单元。某一组成单元的模拟故障数用式(4-3)计算：

$$n_i = n\frac{\lambda_i}{\lambda_U} \text{（取整数）} \tag{4-3}$$

式中 n_i——需要分配给舰炮第i个组成单元的模拟故障样本数；

λ_i——舰炮第i个组成单元故障故障率；

λ_U——舰炮的故障率。

3) 参数估计与合格判据

根据试验数据(或收集的故障样本数据)用二项式分布估计 FDR 和 FIR 的单侧置信下限和置信区间，用置信下限与指标比较，判断故障检测或隔离能力是否满足指标要求。

(1) 单侧置信下限。

测试性参数的单侧置信下限q_L根据式(4-4)计算：

$$\sum_{i=0}^{F}\binom{n}{i}q_L^{n-i}(1-q_L)^i = 1-C \tag{4-4}$$

式中 q_L——FDR 和 FIR 的单侧置信下限；

C——置信水平；

n——试验样本量；

F——故障检测或隔离的累计失败次数(观测值)；

i——表示第i个故障检测或隔离失败。

置信水平C和样本量n由验证方案确定，F由试验统计得到，可以计算出测试性试验样本的观测值 q_L。由于直接用上述公式求解估计值比较繁琐，可以查附录四的附表4-2(二项分布单侧置信下限表)。

(2) 区间估计。

对 FDR 和 FIR 量值进行置信区间估计，测试性参数的置信区间(q_L, q_U)，有

$$\sum_{i=0}^{F}\binom{n}{i}q_L^{n-i}(1-q_L)^i = \frac{1}{2}(1-C) \tag{4-5}$$

$$\sum_{i=F+1}^{n}\binom{n}{i}q_U^{n-i}(1-q_U)^i = \frac{1}{2}(1-C) \tag{4-6}$$

式中 q_L——置信下限；

q_U——置信上限；

C、n、F同式(4-4)。

(3) 合格判据。

① 在规定的置信水平下，如果估计的下限大于等于最低可接受值($q_L \geqslant q_1$)，即判为合格；否则为不合格。

② 如果提出的 *FDR* 和 *FIR* 指标，未指明是最低可接受值时，可进行区间估计，若指标在置信区间内($q_1 \leqslant q_L \leqslant q_0$)，即判为合格。

2. 根据最低可接收值和使用方风险确定试验与评价方案

1) 确定样本量和合格判定数

分为两步确定试验样本量，首先用二项分布模型确定一组定数试验方案；然后根据舰炮和舰炮组成单元故障率计算最少样本量，选择比最少样本量大的一个最接近最少样本量的定数试验方案。

(1) 理论上故障检测率、隔离率指标越高越好，但必须有门限值(最低可接收值)，在规定最低可接受值q_1和使用方风险β，且不考虑生产方风险α的情况下，用式(4-7)确定一组定数试验方案(n_i，c_i)。其中 n 是样本数，c 是方案确定的合格判定数。

$$\sum_{i=0}^{c}\binom{n}{i}(1-q_1)^i q_1^{n-i} \leqslant \beta \tag{4-7}$$

直接求解方程较麻烦，可以查附录四的附表4-3(依据使用方风险β和最低可接受值q_1确定测试性验证试验方案表)。

(2) 在(n_i，c_i)中可选用样本数$n \geqslant n_1$的一个为验证方案(n，c)，其中，$n_1 = \dfrac{\lambda_U}{\lambda_{\min}}$，$n$ 最少应大于舰炮组成单元的等价故障类数。

2) 样本量分配

可使用 GJB 2072—94 中的按比例分层抽样分配方法，按故障相对发生频率把确定的样本量n分给舰炮各组成单元。

3) 合格判据

注入n个故障样本，如检测(隔离)失败次数$F \leqslant c$，则判定合格；否则，不合格。

3. 根据检验上下限和双方风险率确定试验与评价方案

1) 测试性验证试验方案设计

(1) 舰炮故障检测和故障隔离表现为成功和失败，服从二项分布。GB 5080.5—85 中给出了一次抽样检验方案 (成功率的定数试验方案)，可用于故障检测率和隔离率的验证试验方案设计。其基本原理是：

设舰炮的总体故障检测率或隔离率为 q，在样本量为 n 的试验中有 F 次失败，第 i 检测失败的概率为

$$P(n,i|q) = \binom{n}{i}(1-q)^i q^{n-i} \tag{4-8}$$

检测、隔离失败次数不超过 c 的概率为

$$L(q) = \sum_{i=0}^{c}\binom{n}{i}(1-q)^i q^{n-i} \tag{4-9}$$

事先规定检验上限q_0、下限q_1和双方风险α、β，如果生产方提供舰炮的故障检测隔离能力为q_1，此时使用方不应该接收，但实际仍有接收的可能，控制此时接收的风险不超过β，有式(4-10)成立：

$$L(q_1)=\sum_{i=0}^{c}\binom{n}{i}(1-q_1)^i q_1^{\,n-i}\leqslant\beta \tag{4-10}$$

如果生产方提供舰炮的故障检测隔离能力为q_0，此时使用方应该接收，但实际仍有被拒收的可能，控制此时拒收的风险不超过α，有式(4-11)成立：

$$1-L(q_0)=1-\sum_{i=0}^{c}\binom{n}{i}(1-q_0)^i q_0^{\,n-i}\leqslant\alpha \tag{4-11}$$

为控制双方风险有式(4-12)成立：

$$\begin{cases}1-\sum_{i=0}^{c}\binom{n}{i}(1-q_0)^i q_0^{n-i}\leqslant\alpha\\ \sum_{i=0}^{c}\binom{n}{i}(1-q_1)^i q_1^{n-i}\leqslant\beta\end{cases} \tag{4-12}$$

直接求解式(4-12)得出n和c值较繁琐，可以查相应的数据表。例如，故障检测率要求值是 0.95、鉴别比$d=(1-q_1)/(1-q_0)$=3、$\alpha=\beta$=0.1 时，查附表 4-4(考虑上下限和风险率的验证方案)可得验证方案(n，c)=(60，5)，其中n是试验用样本数，c是方案确定的合格判定数。

(2) 合格判据。当注入n个故障样本检测(或隔离)失败次数F小于等于c($F\leqslant c$)时，判定合格；否则为不合格。

2) 样本量分配、故障模式选取

(1) 样本量分配。在 GB 5080.5—85 和 GJB 20045—91 中没有给出样本量分配方法，建议使用 GJB 2072—94 附录 B 中给出的按比例分层抽样分配方法。

(2) 注入故障模式选取方法。舰炮备选样本量应是确定试验样本量的 3～4 倍。各组成单元或部件的备选样本量也应如此。样本量分配、故障模式选取方法，详见 GJB 2074—94 附录 B。

4. GJB 2072—94 推荐的验证与评价方案

1) 确定样本量

GJB 2072—94 中的规定是“样本量参照维修性试验的样本量确定”。在实践中，一般认为维修性服从对数正态分布，测试性服从二项式分布，因此，对“样本量参照维修性试验的样本量确定”的说法还不能认同。下面介绍根据中心极限定理确定样本量的方法。

在试验次数充分大时，根据中心极限定理，$\dfrac{\hat{q}-q}{\sqrt{q(1-q)/n}}$近似服从标准正态分布。

设规定试验样本观测值的估计$\hat{q}$与真值q的偏离程度不超过δ的概率为$1-\alpha$，即$P(|\hat{q}-q|\leqslant\delta)=1-\alpha$，进一步用标准正态统计量表示为

$$P\left(\left|\frac{\hat{q}-q}{\sqrt{q(1-q)/n}}\right| \leqslant \frac{\delta}{\sqrt{q(1-q)/n}}\right)=1-\alpha \tag{4-13}$$

当 n 充分大时，近似可表示为

$$P\left(\left|\frac{\hat{q}-q}{\sqrt{q(1-q)/n}}\right| \leqslant Z_{1-\alpha/2}\right)=1-\alpha \tag{4-14}$$

式中 $Z_{1-\alpha/2}$ 为标准正态分布的 $1-\alpha/2$ 分位点。

所以有式(4-15)成立：

$$\frac{\delta}{\sqrt{q(1-q)/n}}=Z_{1-\alpha/2} \tag{4-15}$$

整理得到样本量计算公式(4-16)：

$$n=\frac{q(1-q)}{\delta^2}Z^2{}_{1-\alpha/2} \tag{4-16}$$

在试验设计时 q 是未知的，为了确定样本量需要对 q 值作出估计，分为三种情况：一是认为 q 趋向于 q_0，在上式中用 q_0 代替 q 估算样本量；二是认为 q 趋向于 q_1，用 q_1 代替 q；三是无法估计 q，则认为 $q_1=q_0$，此时样本量为 $n=\dfrac{Z^2{}_{1-\alpha/2}}{4\delta^2}$。

规定当计算出的样本量小于 30，则令样本量等于 30。

2) 测试性验证试验参数估计

在 GJB 2072—94 附录 C 中，规定了参数估计方法，只估计置信下限。

(1) 当 $0.1<q<0.9$ 时，使用的基本数学模型与 MIL-STD-471A 通告 2 的类似，置信水平为 $(1-\alpha)$ 的检测率、隔离率置信下限 q_L 为

$$q_L=\hat{q}+Z_\alpha\sqrt{\frac{\hat{q}(1-\hat{q})}{n}} \tag{4-17}$$

式中 q_L ——故障检测率或隔离率估计值的置信下限；

$\hat{q}$ ——故障检测率或隔离率的点估计值，$\hat{q}=(n-F)/n$；

Z_α ——与置信水平相关的系数。

(2) 当 $q\leqslant 0.1$ 或 $q\geqslant 0.9$、置信水平为 $(1-\alpha)$ 时，检测率、隔离率置信下限 q_L 为

$$q_L=\begin{cases}\dfrac{2\lambda}{2n-k+1+\lambda} & \text{当 } P\leqslant 0.1 \text{ 时}\\[2ex] \dfrac{n+k-\lambda'}{n+k+\lambda'} & \text{当 } P\geqslant 0.9 \text{ 时}\end{cases} \tag{4-18}$$

式中：$\lambda=\frac{1}{2}\chi^2_\alpha(2k)$；$\lambda'=\frac{1}{2}\chi^2_{1-\alpha}[2(n-k)+2]$。

(3) 合格判据：故障检测率和隔离率指标越高越好，若 $q_L\geqslant q_1$ 则接受，否则拒收。

5. 各验证方案的使用条件

(1) 估计参数值的方案。事先根据舰炮测试性要求，明确进行参数估计的方法和置信水平，适用于有置信水平要求的测试性指标验证，对样本量要求不严格，适用于多种数据收集方法，也适用于试用阶段测试性评价。确定试验样本时需要舰炮各组成单元功能故障的故障率中的最小值 λ_{min}，因此需要较详细的舰炮各单元故障率，实际上往往研制单位提供这些数据是困难的。此方法不适用于规定双方风险要求的指标验证。

此方案对于检测率，n 是注入故障样本数，F 是检测失败次数；对于隔离率，n 是检测出故障样本数，F 是隔离故障失败数。

(2) 最低可接收值的方案。事先明确舰炮测试性指标的最低可接受值 q_1 和 β 值。若首选方案失败数($F>c$)，还可以增加样本数，选用下一方案继续试验。如果累计检测失败数还大于合格判定数，则拒收舰炮。此方法操作简单方便，适用于验证有置信水平要求的测试性参数的最低可接收值，但不适用于规定双方风险要求的指标验证。

此方法虽然未要求估计参数值，如需要可以根据 n，F 值查有关数据表，得出参数量值；对于检测率，n 是注入故障样本数，F 是检测失败次数；对于隔离率，n 是检测出故障样本数，F 是隔离故障失败数。

(3) 考虑双方风险的方案。要求合同中给出规定值 q_0 或最低可接收值 q_1、鉴别比 d、双方风险 α 和 β 值。鉴别比越小，n 值越大；α、β 值越小，n 值也越大。适用于内场注入故障试验，验证有双方风险要求的测试性参数值。此方案不适用于规定有参数估计置信水平要求的指标验证。

(4) GJB 2072—94 的方案。需要用近似公式计算测试性参数值，适用于内场注入故障试验、验证有置信水平要求的测试性参数的最低可接收值。

只有在难以用注入故障方式进行测试性验证试验、收集的有效故障样本数又达不到要求时，经订购方同意可以使用综合分析评价方法替代验证试验。选用测试性验证方案时可参考表 4-1 给出的验证方案的特点。

表 4-1　测试性验证方案特点比较

验证方案	主要特点	使用条件
(1) 估计参数值的验证方案(基于二项式分布和检验充分性)	(1) 合格判据合理、准确； (2) 考虑舰炮组成特点； (3) 给出参数估计值； (4) 可查数据表方法简单； (5) 分析工作多一些	(1) 适用于有置信水平要求的指标； (2) 不适用于有 α、β 要求的情况
(2) 最低可接收值的方案(基于二项式分布和检验充分性)	(1) 合格判据合理、准确； (2) 考虑舰炮组成特点； (3) 可查数据表方法简单	(1) 适用于验证指标的最低值； (2) 不适用于有 α 要求的情况
(3) 考虑双方风险的验证方案(基于二项式分布)	(1) 合格判据合理、准确； (2) 明确规定 n 及 C； (3) 可查数据表，相对简单； (4) 未给出参数估计值； (5) 未考虑舰炮组成特点	(1) 要求首先确定鉴别比和 α、β 的量值； (2) 不适用于有置信水平要求的情况

(续)

验证方案	主要特点	使用条件
(4) GJB 2072-94 的验证方案	(1) 比 471A 通告 2 的方法有改进； (2) 可计算出下限值近似值； (3) P_U 和 n 估计准确度低； (4) 未考虑舰炮组成特点	(1) 适用于验证指标的最低值； (2) 不适用于有 α、β 要求的情况

二、舰炮虚警评估验证方案

通过试验验证舰炮平均虚警数和虚警率等参数比较困难。一方面是试验环境与真实使用环境存在较大差异，虚警的发生不仅与舰炮的技术状态有关，而且与舰炮的使用环境相关，在不同的环境中可能表现出不同的虚警率，即使有了一定的虚警样本也不一定能代表真实环境下的虚警状态。另一方面试验中模拟虚警样本困难，舰炮故障检测产生虚警存在偶然性，几率小，模拟样本很难代表产品的真实使用情况，同时在发生虚警后查找虚警原因同样困难。

在 GJB 2072—94 和 GJBz 20045—91 分别给出虚警验证方法，但由于模拟虚警困难、实施难度大、试验数据不能完全真实代表舰炮在实际使用环境下的虚警状态，建议虚警试验结合可靠性、维修性及其他性能试验进行，在试验中收集自然虚警样本，对虚警参数以分析评估为主，重点分析评价防止虚警措施的充分性和有效性，不做定量验证。本节简单介绍规定检验上下限和生产方、使用方风险时的虚警率的验证方案和有关的分析评估方法。

1. 根据检验上下限和风险率设计试验方案

舰炮检测设备工作时间长且虚警的概率很小，因此，可以认为服从泊松分布。在 GJBz 20045-91 中定义虚警率为单位时间内 BIT 将系统工作正常判为故障的次数，简单的说就是单位时间内的误判次数。单位时间平均虚警数用 λ 表示，合同规定的检验上、下限分别为 λ_0、λ_1，当舰炮的单位时间平均虚警数为 λ_0 时，被拒收的概率不能大于 α，有式(4-19)成立：

$$\sum_{i=0}^{c}\frac{(\lambda_0 T)^i}{i!}\mathrm{e}^{-\lambda_0 T}=1-\alpha \tag{4-19}$$

当舰炮的单位时间平均虚警数为 λ_1，被接收的概率不能大于 β，有式(4-20)成立：

$$\sum_{i=0}^{c}\frac{(\lambda_1 T)^i}{i!}\mathrm{e}^{-\lambda_1 T}=\beta \tag{4-20}$$

为控制双方风险有式(4-21)成立：

$$\begin{cases}\displaystyle\sum_{i=0}^{c}\frac{(\lambda_0 T)^i}{i!}\mathrm{e}^{-\lambda_0 T}=1-\alpha\\ \displaystyle\sum_{i=0}^{c}\frac{(\lambda_1 T)^i}{i!}\mathrm{e}^{-\lambda_1 T}=\beta\end{cases} \tag{4-21}$$

式中　λ_0——检验上限，是接收概率为$(1-\alpha)$时单位时间平均虚警数λ_{FA}值；

λ_1——接收概率为β时单位时间平均虚警数λ_{FA}值；

T——总试验时间；

c——合格判定数；

i——试验中的失败数。

事先规定了λ_0、λ_1、α、β值，通过解方程组(4-21)可以确定试验方案的参数(T、c)，T为总的试验时间，c为判决失败数(最多允许虚警次数)。

GJBz 20045—91中给出了14个试验方案，见表4-2。鉴别比为$d=\lambda_1/\lambda_0=2\sim7.25$，双方风险相等为10%和20%，可依据$\lambda_0$、$\lambda_1$、$\alpha$、$\beta$值选用。

表4-2　虚警率试验方案表

鉴别比	$\alpha=\beta=0.1$		$\alpha=\beta=0.2$		鉴别比	$\alpha=\beta=0.1$		$\alpha=\beta=0.2$	
$D=\lambda_1/\lambda_0$	$M=T_{FA}\lambda_1$	C_{FA}	$M=T_{FA}\lambda_1$	C_{FA}	$D=\lambda_1/\lambda_0$	$M=T_{FA}\lambda_1$	C_{FA}	$M=T_{FA}\lambda_1$	C_{FA}
7.25	3.9	1	—	—	3.00	9.3	5	—	—
5.00	5.3	2	—	—	2.75	10.5	6	4.3	2
4.00	6.7	3	—	—	2.50	11.8	7	5.5	3
3.50	—	—	3.0	1	2.25	14.2	9	6.7	4
3.25	8.0	4	—	—	2.00	19.0	13	7.9	5

举例：某舰炮，规定$\lambda_0=2\times10^{-2}/h$，$\lambda_1=10\times10^{-2}/h$,$D=5$，$\alpha=\beta=0.10$。

由$D=5$查表可知$M=5.3$，$C_{FA}=2$。计算$T_{FA}=M/\lambda_1=53(h)$，即舰炮试验53h，如虚警次数≤2，则为合格，否则为不合格。

需要注意，这种方法验证的是单位时间平均虚警数λ_{FA}，而不是虚警率。

由于虚警率与使用环境密切相关，因此，在利用试验数据对虚警率进行评价时，需要考虑试验环境与真实作战使用环境的差异。

2. 与可靠性试验结合的分析评估方法

将规定的虚警率要求转换成单位时间内的平均虚警数，纳入系统要求的故障率(或 MTBF)之内，按可靠性要求来验证。虚警率与平均单位时间虚警数之间转换公式为

$$\lambda_{FA}=\frac{r_{FD}}{T_{BF}}\left(\frac{\gamma_{FA}}{1-\gamma_{FA}}\right) \tag{4-22}$$

式中　λ_{FA}——平均单位时间虚警数；

γ_{FA}——虚警率(虚警数与故障指示总数之比)；

r_{FD} q——故障检测率；

T_{BF}——系统的平均故障间隔时间。

在可靠性验证试验中，每个确认的虚警都作为关联失效来对待。就虚警率验证而言，如果统计分析结果满足了可靠性验证规定的接收判据，则系统的虚警率也认为是可以接收的；否则应拒收。

此方法比较简单易行，但它并没有估计出系统的虚警率量值大小。

3. 虚警率或平均虚警间隔时间的简单分析评估

收集到足够的有关虚警的样本后，依据相关测试性参数定义可以直接计算出虚警率或平均虚警间隔时间的具体量值。

例如，虚警率实际上是故障指示(报警)的失败概率，其允许上限对应着故障指示的成功率下限，所以有

$$\gamma_{FA}=1-q_L \tag{4-23}$$

式中 q_L——故障指示成功率下限。

可以用单侧下限数据表，根据所得试验数据(报警样本数和失败次数)和规定的置信水平查得 q_L 值，从而可得 γ_{FA} 值。例如，如果故障指示次数 n=60，失败次数 F=1，规定置信水平为 80%，则可由附表 4-2 中查得单侧置信下限 q_L=0.951，所以虚警率为 γ_{FA}=1−0.951=0.049。

如果此值小于 γ_{FA} 最大可接收值，则接收。

第三节 舰炮测试性验证试验的实施

设计试验方案前，对测试性要进行认真分析，明确测试要求的形式，根据测试性具体要求，有针对性地设计验证试验方案。试验前应认真进行功能故障模式、故障率及注入方法分析。对结构简单的舰炮可以按功能组成单元划分和分析。

根据样本分配结果建立可注入故障模式库，每个故障模式中可注入故障数应大于分配数 2 个～3 个，以便备用。

一、验证试验程序

(1) 试验准备。

① 设计验证试验方案或评估方案；

② 准备好受试舰炮、相关测试设备、故障注入设备、舰炮使用环境模拟设备、数据记录表以及试验人员培训等；

③ 进行故障样本分配，建议使用 GJB 2072—94 中的按比例分层抽样分配方法，依据故障相对发生频率分配样本和抽取注入的故障模式；

④ 进行验证舰炮的可注入故障分析，建立可注入故障模式库。

(2) 故障注入及试验数据录取。

试验时可按样本分配结果，从可注入故障模式库中逐个选取故障模式，开始故障注入试验。

① 受试舰炮通电，启动测试设备，确认在注入故障之前受试舰炮是工作正常的；

② 如未注入故障时舰炮出现不正常，属于自然故障，可计为一个故障样本，转至步骤④；

③ 从可注入故障模式库中选一个故障模式注入到舰炮中(手工注入时舰炮需断电，自动注入时可以不断电)；

④ 启动测试设备(包括 BIT)实施故障检测与隔离；

⑤ 记录检测和隔离的结果、检测与隔离时间、虚警次数等数据；

⑥ 撤销注入故障，修复舰炮状态(按需要确定断电或不断电)；

⑦ 注入下一个故障(已注入的故障模式不能再重复注入)，重复步骤③～⑥。直至达到规定的样本数。

(3) 在试验过程中，同时考查规定的测试性定性要求的各项有关内容。

(4) 整理分析测试性验证试验数据，编写舰炮的测试性验证报告，试验技术负责人审核签字。

(5) 测试性验证试验评审。按照测试性验证大纲、计划的要求进行测试性验证结果评审，以确认测试性验证的有效性。评审应该对测试性验证工作的完成情况、故障注入、试验过程监管、数据收集、发现的问题、分析处理的合理性、结论的正确性等进行审查和确认。

二、设计验证试验方案

确定试验样本、判决标准及参数统计评定方法，详细内容见本章第二节。

三、故障样本的分配

舰炮测试性验证试验时，除了需要确定故障样本数、合格判据之外，还应将样本合理地分配给舰炮各组成部分，尽可能地模拟舰炮作战实际使用时发生故障的分布情况。

测试性试验一般结合可靠性、维修性试验进行，所以样本分配参照维修性样本分配方法，在有自然故障时，需要分配的故障样本是除自然故障之外的模拟故障样本。详见第三章相关章节。

四、故障模式库建立及故障注入

1. 故障模式分类及注入方法分析

1) 故障模式分类

分析舰炮的功能故障及其各组成单元的功能故障。导致舰炮组成单元的某一功能故障模式的所有元器件故障模式的集合，划分为一类(等效故障集合)，注入其中任一个故障就等于注入了该功能故障。为操作方便，较小的舰炮也可以按合理划分后的组成部件来划分等价故障类别。分析的重点是舰炮的各组成单元的功能故障、故障率及注入方法。

2) 故障注入方法分析

在内场进行舰炮测试性验证试验针对的故障一般多是 LRU(外场可更换单元——舰员级故障)级的舰炮故障，所以这里以 LRU 为例进行分析。依据组成 LRU 各 SRU(车间可更换单元)的构成及工作原理、FMEA(故障模式影响分析)表格、测试性/BIT 设计与预计资料等，分析各 SRU 的各功能故障对应的等价故障集合中可注入的故障模式及注入方法、功能故障的故障率(等于引发该功能故障的所有元器件故障率之和)、检测方法、测试程序编号等相关数据，填入表 4-3 中。

表 4-3　SRU 故障分类及注入方法分析

LRU 组成单元(SRU)名称：　　　　　　　　　　　　　　　　　日期：

序号	功能故障模式	名称和代号	故障率 λ_g	引发功能故障的元/器件				测试程序编号		
				名称或故障模式	故障率 λ_i	注入方法	不能注入原因	BIT	ATE	人工
1										
2										
合计										

注：故障注入方法代号：FI—硬件注入，FE—软件模拟；

不能注入原因代号：A—无物理入口，B—无软件入口，C—无支持设备，D—需要改进软件

2. 建立可注入故障模式库

在完成对舰炮及其组成单元的故障模式及注入方法分析的基础上，即可建立故障模式库。

1) 故障模式数量及分布要求

故障模式库中故障模式的数量应足够大，一般是试验用样本量的 3 倍～4 倍，至少应保证故障率最小的组件(故障类)有两个可注入故障模式，其他故障率较高的组件(故障类)可注入故障模式数应大于分配给它的样本数，以便实施抽样和备份。

故障模式库中故障分布情况，应按舰炮组成单元(故障类)故障率成正比配置。

2) 故障模式信息内容

故障模式库中每个故障模式都是可注入的，给出的相关信息内容应包括以下几方面。

(1) 故障模式名称和代号；

(2) 故障模式所属舰炮及其组成单元名称或代号；

(3) 故障模式及所属故障类名称和代号；

(4) 故障特征；

(5) 检测方法与测试程序；

(6) 注入方法和注意事项等。

3) 建立故障模式库

为便于故障模式抽取和注入，根据舰炮及其组成单元的故障模式及注入方法分析的结果，将各个可以注入的故障模式及其相关信息，按舰炮组成单元分组编号、顺序排列，集成后即构成舰炮可注入故障模式库，见表 4-4。故障模式库可以是纸介质的，也可以是电子的。

表 4-4　可注入故障模式库

序号	故障名称代号	故障位置		故障特征	故障注入方法	检测方法测试程序
		SRU 名称和代号	组件(或故障类)名称和代号			
1						
2						

3. 故障样本注入

现有的故障注入方法，可分为手工操作故障注入方法和自动故障注入方法。

1) 手工操作故障注入方法

对于电器和电子设备的注入方法为：

(1) 将元器件管脚短路到电源或者地线；

(2) 移出元器件管脚并将其接到地线或电源；

(3) 将管脚移出插座，然后在空的插孔处施加电源或地信号；

(4) 将管脚移出插座，使其处于不连接状态；

(5) 将元件从插座中完全移出；

(6) 将器件的两个管脚短路；

(7) 在连接器或底板上注入故障；

(8) 将电路板从底板上移出；

(9) 注入延迟；

(10) 使用故障元器件替换正常元器件；

(11) 开路 UUT 的输入线路；

(12) 将 UUT 的输入拉高或者拉低。

对于机械和电动机械的设备可用：

(1) 接入折断的弹簧；

(2) 使用已磨损的轴承、失效密封装置、损坏的继电器和断路、短路的线圈等；

(3) 使部件、组件失调；

(4) 使用失效的指示器、损坏或磨损的齿轮、拆除或使键及紧固件连接松动等；

(5) 使用失效或磨损的零件等。

2) 自动故障注入方法

自动故障注入对于目前舰炮发展的自动化程度，还存在一定的困难，以下内容仅为参考，实际故障注入仍然以人工注入为主。

(1) 元器件级故障自动注入。

① 边界扫描方式故障注入。利用边界扫描的这种功能，可以对集成电路的管脚进行故障注入，实现特定的逻辑故障，如加载固定 0、固定 1 等。通过将系统总线与边界扫描控制器建立信号联系，可以由总线管理员监控整个注入活动。

② 通断盒方式故障注入(也称为可控插座)。该方式故障注入可以应用于数字逻辑器件，它利用开关器件产生短路、开路和固定逻辑值来模拟不正确的数字输入和输出。这种故障注入方法需要建立故障注入与诊断之间的通信联系，实现对逻辑模式序列中的特定模式注入故障，而且是在整个逻辑模式序列期间只能注入固定故障。

③ 反向驱动方式故障注入。基于反向驱动技术的故障注入方法的实质，是通过被注入器件的输出级电路拉出或灌入瞬态大电流来实现将其电位强制为高或强制为低，这必将在电路的相应位置产生较大热量，如果积聚时间过长，必将导致电路的性能下降甚至完全损坏。所以，在实施后驱动故障注入时，要对注入的电流的时间加以控制。此方法一般不用测试舰炮的诊断能力。

(2) 电路模块级故障自动注入。

① 电压求和方式故障注入。对于运算放大器组成的模拟电路模块，可以采用电压求和方式注入故障来模拟电路模块的故障。

② 数字电路模块的故障模拟技术。

a. 微处理器模拟。将微处理器开发系统用于电路板功能测试是非常简单的。操作人员只需将待测电路板上的微处理器替换为同型号的，但受测试器控制的另一个微处理器(如接入式模拟器，ICE)。该模拟微处理器执行来自模拟存储器的测试程序，这与被测电路板上的存储器完全相同。理想情况下，执行测试程序的模拟处理器可以施加测试模式到电路板上的不同器件，受测试的典型器件包括总线外围器件和存储器。

b．存储器模拟。其含义是测试器采用自己的存储器来替代被测电路板上的存储器。此时，电路板上的微处理器执行的测试程序是加载到测试器存储器上的测试程序。

c．总线周期模拟。该技术使用测试器的硬件来模仿微处理器总线接口活动。微处理器可以看做由一个算术引擎和一个连接引擎到外部世界的总线接口组成。为了实现总线周期模拟，被测试电路板上的微处理器必须放弃总线接口的控制权，将其转让给测试器。最常用的简便方法是对微处理器应用总线请求功能，等待微处理器响应请求后将其总线接口置位到第三态(高阻状态)。然后总线处于测试器的控制下，可以进行总线周期的模拟。

d. 连接线级故障自动注入。对于板间连线或设备间连线中实时性要求不高的信号线，可以采用开关式故障注入方法进行线路故障注入。

e．系统总线故障注入。对于板间接口或总线的故障模式可以采用系统总线故障注入的方法进行故障注入。首先通过总线收发装置接收板间传递的总线信号，将期望的地址与正在传输的地址进行比较，判断其是否是需要注入故障的地址，如果不是，则将原有信号直接通过总线收发装置传递给下一级电路；如果是，则控制电路将原有传输数据信号断开，将期望的数据通过总线收发装置传递给下一级电路。注入故障的时间或次数由注入条件决定。

五、试验数据记录

故障注入试验过程中的数据，应有专人按规定的内容和格式记录。记录的内容主要包括：每次注入故障模式名称或代号；所用测试手段(BIT、ATE 或人工)；每次故障检测和隔离指示的结果；每次故障检测与隔离时间；试验过程中发生的虚警次数等。

故障注入试验数据记录表格的样式示例见表 4-5。在实际应用中可以参考这些表格，针对舰炮特点建立具体的数据表格。

表 4-5　故障注入及试验记录表格

舰炮名称：　　　　　　　　　　　　　试验场所：　　　　　　　　　　　　　试验日期：

序号	故障名称	故障表现	BIT						ATE						人工			
			指示	检测	隔离		时间	虚警	指示	检测	隔离		时间	虚警	检测	隔离		时间
					LRU	SRU					LRU	SRU				LRU	SRU	
1																		
2																		

第四节 舰炮测试性评价

舰炮测试性评价是测试性试验的目的，通过分析评价舰炮测试性好坏，查找测试性存在的问题，提出改进措施，确定达到的测试性水平，得出是否满足设计要求和使用要求的结论，为设计定型提供数据和依据。舰炮测试性评价分为分析评价、验证试验结果评价和使用评价三个方面。

一、舰炮测试性分析评价

1. 目的和适用范围

舰炮测试性分析评价工作是指综合分析舰炮研制阶段与测试性有关的信息，发现不足，改进设计，评价是否满足规定测试性要求的过程。其主要目的是在设计定型阶段，综合利用舰炮的各种有关信息，评价舰炮是否满足规定的测试性要求。所以，确定实施测试性验证试验的舰炮，不需要再进行此项工作。

对于非关键性和确实难以用注入故障方式进行测试性验证试验的舰炮，经订购方同意，可用综合分析评价的方法替代测试性验证试验，即用分析评价的方法确定舰炮是否满足规定的测试性要求。

2. 分析评价方法

测试性分析评价的主要工作是收集舰炮测试性信息、进行综合分析与评价、确认是否达到规定测试性要求、编写舰炮测试性分析评价报告。

1) 收集有关测试性信息

应有计划地收集所有可以利用的信息，主要包括以下内容：

(1) 舰炮各种试验过程中自然发生故障的检测信息、隔离信息、虚警信息；

(2) 研制试验中注入故障的检测信息、隔离信息、虚警信息；

(3) 舰炮研制中试运行的故障检测信息、隔离信息、虚警信息；

(4) 测试性预计和仿真分析资料及其结果信息；

(5) 舰炮各组成单元的有关测试性信息；

(6) 舰炮测试性设计缺陷分析、改进信息；

(7) 同类设备的有关测试性信息；

(8) 舰炮测试性核查资料等。

2) 进行综合分析与评价

(1) 综合分析测试性预计信息、仿真分析结果信息、测试性设计缺陷分析与改进信息，确认是否将测试性设计到舰炮中去了，是否可以达到规定测试性要求。

(2) 分析舰炮各种试验与试运行过程中自然发生故障或注入故障的检测与隔离信息、虚警信息，利用所得样本数据估计故障检测率、隔离率、虚警率的量值。

(3) 分析舰炮各组成单元的有关测试性信息，可以依据组成单元测试性水平估计舰炮的测试性水平。

(4) 对比分析同类设备的有关测试性信息，为评价舰炮是否达到规定测试性要求提供依据。

(5) 分析测试性核查报告，为评价舰炮是否达到规定的测试性要求提供依据。

(6) 综合以上分析结果，评价、确认是否将测试设计到舰炮中去了，是否可以达到规定的测试性指标。

采用的测试性分析评价的方法、利用的数据、评价准则和评价的结果均应经订购方认可。

3. 分析评价计划

舰炮测试性分析评价是有关舰炮设计定型的一项重要工作，也是一项较繁杂的工作，需要在研制过程中收集积累足够的有关资料和数据，经过综合分析才能得出是否可以达到规定测试性要求的结论。所以，承制方应尽早制定舰炮的测试性分析评价方案和计划，建立综合分析评价工作组，并应经订购方认可。

4. 分析评价结果

舰炮测试性分析评价工作应在舰炮设计定型阶段完成。完成测试性分析评价后，应编写测试性分析评价报告，并经订购方审定。测试性分析评价结果可为舰炮设计定型提供支持信息。

二、舰炮测试性验证试验结果评价

舰炮测试性验证试验结果评价方法与验证试验方案密不可分，评价必须与方案对应。在本章第二节测试性验证试验方案中结合不同的已知条件，介绍了验证试验和评价方案设计方法，在进行结果评价时要考虑验证试验方法的设计原理。在此不再赘述。

三、舰炮测试性使用评价

1. 概述

1) 舰炮使用评价的必要性

舰炮测试性验证试验是舰炮研制期间的测试性试验与评价，是针对舰炮实现测试性设计要求进行的检验工作，是研制过程中的一个必不可少的重要环节。验证试验的结论是阶段性的评价，还不能代表舰炮在使用环境中的真实的测试性水平。主要原因如下。

(1) 舰炮测试性设计需要通过试验发现问题，采取改进措施，通过现场试用进行必要的调整来提高故障检测与隔离能力、减少虚警。在研制试验时，这种测试性增长过程尚未开始。

(2) 舰炮故障模式很多，不可能都注入；故障率数据不准确，影响了抽样注入故障的随机性；由于封装和避免损坏部件等原因，有许多故障模式不能注入或模拟。这些因素减低了验证试验的准确性。

(3) 验证试验的环境条件，包括受试舰炮与其他系统的相互关系和影响等，不可能与实际工作条件完全相同。

由于存在上述实际问题，即使合理地注入了大量故障，试验也只能提供有限的反映实际测试有效性的数据。国外有关资料表明(表 4-6)，尽管注入故障试验结果满足规定测试性要求，但现场初期使用时故障检测与隔离能力却低得多。所以现有测试性验证方法适用于检验所研制舰炮实现测试性设计要求的程度，发现设计缺陷，评价是否转入下一个研制阶段(定型、试用等)。验证试验是测试性增长过程中的重要环节，是测试性阶段的手段。除此之外，还需要收集试用期间的测试性信息，才能评估舰炮的真实测试性水平，并继续实现测试性增长。

表 4-6　故障注入试验与使用时有关数据比较

F-16 飞机	APG-66 雷达		飞行控制系统		多路传输设备	
	注入试验	使用	注入试验	使用	注入试验	使用
FDR(%)	94	24～40	100	83	90	49
FIR(%)	98	73～85	92	73.6	93	69
FAR(%)	—	34～60	—	—	—	—
CND(%)			—	17	—	45.6
RTOK(%)			—	20	—	25.8

2) 使用评价目的和作用

测试性使用评价是装备在使用期间一项非常重要的测试性工作，主要目的是在实际使用条件下确认舰炮测试性水平，评价其是否满足使用要求。使用期间测试性信息收集是测试性评价、测试性改进的基础和前提。使用期间测试性信息收集的内容、分析的方法等应充分考虑测试性评价与改进对信息的需求。测试性评价的结果和在评价中发现的问题也是进行测试性改进的重要依据。归纳测试性使用评价的目的和作用有以下几点：

(1) 利用使用过程中收集的测试性信息，评价系统和设备的实际测试性水平，确定是否满足使用要求；

(2) 当发现存在测试性缺陷或不能满足使用要求时，提出测试性改进的要求和建议，以便于组织实施改进措施，提高装备的测试性水平；

(3) 为装备的使用、检测和维修提供管理信息，为装备改型和研制新装备时确定测试性要求提供依据等；

(4) 为分析评价测试性预计和验证试验的正确性与有效性提供支持。

3) 使用评价的管理

使用期间测试性评价在装备部署后实际使用环境中进行，适用于装备的各系统和设备。测试性使用评价是装备使用期间装备管理的重要内容，必须与装备的其他管理工作相协调，统一管理。可以结合使用期间维修性评价、使用可靠性评估、保障性评估等一起进行。

使用评价工作主要由使用方完成，可以要求承制方代表参加。使用评价利用的是自然发生的故障诊断数据，一般需要较多的舰炮投入使用或要持续较长的使用时间，直到获得足够的数据得出可信的评价结论为止。例如，APG-65 雷达的使用评价用 21 架飞机共飞行了 2194.9h。

2. 使用期间数据收集

使用期间测试性信息的收集是装备信息管理的重要组成部分，必须统一纳入装备的信息管理系统。应注意有关的信息传递、信息共享，减少不必要的重复。测试性改进也是装备改进的一部分，需要经过统一协调与权衡来确定。

装备使用条件应尽可能代表实际的作战和保障条件，使用与维修测试人员必须经过正规的培训，各类测试与维修保障资源按规定配置到位，以便使收集的测试性数据更具有实用价值。应对测试性使用评价及测试性改进工作的信息需求进行分析，以便确定测试性信息收集的范围、内容和工作程序等。

测试性信息收集的范围一般包括舰炮在使用和维修中的故障信息、故障诊断信息、虚警信息、测试设备的适用性和有效性、使用者与维修者的意见等。应收集的主要信息包括以下内容。

(1) 内部诊断有关信息。

① BIT 显示报警信息：周期 BIT、加电 BIT 以及维修 BIT 的故障显示信息；

② 虚警、CND 信息；

③ BIT 故障隔离信息，隔离到 1 个、2 个或 3 个可更换单元的信息；

④ BIT 启动运行时间、故障检测与隔离时间信息；

⑤ BIT 本身故障信息；

⑥ 重测合格信息；

⑦ BIT 没有指示报警的故障信息；

⑧ 状态监测信息；

⑨ 由中央测试系统得出有关信息；

⑩ 舰炮运行时间、环境条件和地点的有关信息。

(2) 外部诊断有关信息。

① 使用便携式维修辅助设备的故障检测与隔离信息；

② 使用自动测试设备测试的故障检测与隔离信息；

③ 人工测试的故障检测与隔离信息；

④ 有关检测的故障检测时间与隔离时间的信息；

⑤ 有关检测的虚警信息；

⑥ 有关舰炮运行时间、环境条件和地点的信息。

(3) 使用中发现的有关测试性缺陷的信息。

(4) 测试费用、测试用日期、测试人员与单位。

(5) 使用者与维修者对舰炮测试性方面的意见等。

在使用过程中，应有专门人员将收集到的上述信息，分别填入相应的信息记录表格中，以便进一步分析与处理。

使用期间测试性信息收集过程应与可靠性、维修性数据收集工作相结合，信息收集工作应规范化。按统一规定要求(如 GJB 1775——装备质量与可靠性信息分类和编码通用要求)进行信息分类、信息编码，并建立通用的数据库等。

应建立严格的信息管理和责任制度，明确规定信息收集与核实、信息分析与处理、信息传递与反馈的部门、单位及其人员的职责。应组成专门的小组，定期对测试性信息的收集、分析、储存、传递等工作进行评审，确保信息收集、分析、传递的有效性。

3. 数据分类处理

在测试性评价过程中，使用评价工作组应对收集的测试性信息，按测试性评价内容的需要进行分类、分析和处理。当有关数据不能满足评价要求时，应采取必要措施予以补充。数据分析处理的主要工作包括下面几项。

(1) 对每个证实的故障，应分析确定以下几项内容：

① 测试的环境条件(使用中、基层级或中继级)；

② 测试方法(BIT、ATE 或人工)；

③ 测试程度(隔离的舰炮层次和模糊度)；

④ 信息的显示与存储；

⑤ BIT 与 ATE 检测结果的一致性。

(2) 对每个故障报警或指示而未证实的故障，应分析确定以下几项内容：

① 报警的性质(虚警、不能复现)；

② 产生报警的频度；

③ 引起报警的原因；

④ 忽视报警的潜在后果(任务失败、降级工作、系统停机)；

⑤ 与虚警相关的维修费用和使用费用。

(3) 统计系统的累计运行时间。

(4) 分析系统测试用时间、测试费用。

(5) 分析测试设备、诊断手册等的适用性。

(6) 分析使用中发现的测试性缺陷的原因与影响。

(7) 按使用评价需求，进行数据分类、汇总等。

4. 诊断能力评估

依据使用期间收集的测试性信息评估得出的诊断能力，是最接近真实的舰炮测试性水平的。诊断能力评估的内容主要包括：故障检测率、隔离率和虚警率(或平均虚警间隔时间)等参数值。除此之外，还应考虑不能复现率、重测合格率，以及不符合实际使用要求的测试性缺陷等。

依据收集的足够的有关测试性数据，选用适当的统计分析方法，即可评估出故障检测率、隔离率和虚警率等参数的量值。有多种数理统计估计方法可以选用，在给出置信水平和最低可接收值时，用下面的点估计和区间估计方法。

1) 点估计

成败型试验中，试验次数为 n，失败次数为 F，则成功概率 q 的点估计为

$$\hat{q} = \frac{n-F}{n} \tag{4-24}$$

例如，收集的数据是：某系统在运行过程中，共发生 100 次故障，只有 5 次故障 BIT 未能检测出来，则其故障检测率点估计值为

$$\hat{q} = \frac{100-5}{100} = 0.95$$

点估计方法有简单方便的优点，但这种估计值并不一定等于真值，大约有 1/2 的可能性大于真值，也有 1/2 的可能性小于真值。因此，点估计不能回答估计的准确性与可信度问题。

2) 单侧置信下限估计

故障检测率、隔离率的量值越大越好，在估计中可以不用考虑其上限值。应该关心

的是置信下限 R_L 值是否低于规定要求。所以，可采用单侧置信下限估计。对于具有二项分布特性的舰炮(成败型试验)可用式(4-4)来确定单侧置信下限 R_L。

按试验结果数据，在给定置信水平 C 后，代入式(4-4)可求解得到 R_L 值。但当 n 较大时，解此方程比较麻烦，可查附录四附表 4-2。

例如，某系统发生 38 次故障，BIT 检测出 36 次，其中有 2 次未检出，即失败次数 F=2，如规定置信水平 C 为 0.8，求检测率单侧置信下限是多少？

根据附录四附表 4-2 对应 C=0.8，依据 n=38、F=2 可查得 q_L =0．891，即 BIT 的故障率为 89.1%。

第五章　舰炮安全性试验与评价

舰炮的其他保障设计特性还有很多，如安全性、生存性、抢修性、运输性、人素工程等，都是设计时赋予舰炮的设计特性。人员安全和装备安全是舰炮使用时必然遇到的两个问题，在舰炮设计使用中必须引起高度重视。本章重点对舰炮安全性试验与评价方法进行介绍。

第一节　概　　述

安全在装备研制和使用过程中是毋庸置疑的。安全性是装备的一种固有属性，是保障使用安全的前提条件。提高装备安全性，确保安全是武器装备研制、生产、使用和保障的首要要求，高安全性是保证武器装备使用效能的重要因素之一。

一、概念与定义

1. 安全

安全是指不发生可能造成人员伤亡、职业病、设备损坏、财产损失或环境损害的状态。该定义是指装备在寿命周期所处于的状态，包括试验、生产和使用等。

2. 安全性

安全性是指具有不发生导致人员伤亡、职业病、设备损坏或财产损失等意外事件的能力。安全性是各类装备的一种共性的固有属性，与可靠性、维修性和保障性等密切相关，是各种装备必须满足的设计要求，是通过设计赋予的装备属性。

3. 事故

意外事件称为事故，事故是造成人员伤亡、职业病、设备损坏、财产损失或环境破坏的一个或一系列意外事件。事故描述已经发生的事件。而导致事故发生的状态称为危险，要防止事故首先应要消除危险。研究安全性首先是从研究危险开始的，因为我们首先注意到的是危险。

4. 事故可能性

特定事故发生的可能程度，一般用概率度量或可能性等级来描述。

5. 事故严重性

事故发生后果的严重程度，一般用严重等级来描述。

6. 事故风险

事故严重程度和发生概率的综合度量，简称风险。

7. 安全性试验

安全性试验就是通过分析、检查、试验、演示或其他方法验证关键的硬件、软件、规程等在舰炮安全性方面采取的技术和措施的有效性、功能的正确性。在舰炮安全性试验的初期，试验目的是通过检查、试验和分析发现在安全性方面设计的不足，改进设计，消除危险，提高舰炮使用安全性。在定型阶段试验的目的是评价舰炮安全性是否满足规定要求，为设计定型提供依据。

二、舰炮安全性度量

安全性一般用事故发生概率与严重程度度量，目前，常用的有事故率/概率、安全可靠度、损失率/概率、事故风险等，最终归结为事故风险来综合度量。

1. 事故率或事故概率

事故率或事故概率是安全性的一种基本参数。其度量方法是在规定的条件下和规定的时间内，系统的事故总次数与寿命单位总数之比，即

$$P_A = N_A / N_T \times 100\%$$

式中 P_A——事故率或事故概率；

N_A——事故总次数，包括由于舰炮装备或附属设备故障、人为因素及环境因素等造成的事故总次数；

N_T——寿命单位总数，表示装备总使用持续期的度量，如工作时间、一次训练战斗过程、舰炮射击弹药数等。

2. 安全可靠度

安全可靠度是与安全有关的安全性参数。其度量方法为在规定的条件下和规定的时间内，在装备执行任务过程不发生由于设备故障造成的灾难性事故的概率，即

$$R_s = N_W / N_{T2}$$

式中 R_s——安全可靠度；

N_w——不发生由于装备或设备故障造成灾难性事故的任务次数；

N_{T2}——使用次数或射击弹药数。

3. 损失率

损失率是安全性的一种基本参数。其度量方法为在规定的条件下和规定的时间内，系统的灾难性事故总次数与寿命单位总数之比，即

$$P_L = N_L / N_T$$

式中 P_L——损失率；

N_L——由于设备故障造成的灾难性事故总次数；

N_T——寿命单位总数，表示系统总使用持续期的度量，如工作小时，射击次数等。

4. 事故风险评价

事故风险评价是最常用的安全性度量方法，GJB900 也给出了应按危险的严重性和危

险可能性划分危险的等级，进行风险评价，并根据有关风险的评价决定对已判定的危险的处理方法。

1) 事故严重性等级划分

事故的严重性对人为差错、环境条件、设计缺陷、规程错误、系统故障等引起的事故后果规定了定性的要求，一般分为四级：灾难的(Ⅰ)、严重(Ⅱ)、轻度(Ⅲ)和轻微(Ⅳ)，如表 5-1 所示。

表 5-1　事故严重性等级划分

等级	严重性	事故后果说明
Ⅰ	灾难性	人员死亡或者系统报废
Ⅱ	严重	人员严重受伤、装备严重损坏
Ⅲ	轻度	人员轻度受伤、装备轻度损坏
Ⅳ	轻微	轻于Ⅲ级的伤害

2) 事故可能性等级划分

事故发生的可能性对由于人为差错、设计缺陷、环境条件、设备故障等引起的事故发生的可能性规定了要求，一般分为 5 级：频繁(A)、很可能(B)、有时(C)、极少(D)和不可能(E)，如表 5-2 所示。

表 5-2　事故发生可能性等级划分

等级	发生程度	装备个体	装备总体	概率范围 (参考美军 882D)
A	频繁	寿命期内频繁发生	连续发生	$P>10^{-1}$
B	很可能	寿命期内可能发生几次	经常发生	$10^{-3}<P<10^{-1}$
C	有时	寿命期内有时会发生	发生几次	$10^{-3}<P<10^{-2}$
D	极少	不易发生，但在寿命期内可能发生	极少发生，预期可能发生	$10^{-6}<P<10^{-3}$
E	不可能	很不容易发生，在寿命周期内可能不发生	极少发生，几乎不可能发生	$P<10^{-6}$

3) 风险评价指数

在事故严重性和事故可能性等级概念的基础上，应用风险评价指数，可以对安全性进行度量。GJB 900—90 给出了两种风险评价示例，具体型号可根据具体情况，参照军标确定型号的风险评价指数要求。

表 5-3 给出了事故风险评价的第一种模式。矩阵中的加权指数为事故风险评价指数(简称风险指数)。指数 1~20 是根据事故可能性和严重性综合而确定的。通常将最高风险指数定为 1，对应的事故是频繁发生并具有灾难性后果。最低风险指数 20，对应的事故几乎不可能发生并且后果是轻微的。风险评价指数 1~20 分别表示风险的范围和四种不同的决策准则：

表 5-3　事故风险评价指数矩阵(1)

严重性等级 / 可能性等级	Ⅰ(灾难)	Ⅱ(严重)	Ⅲ(轻度)	Ⅳ(轻微)
A(频繁)	1	3	7	13
B(很可能)	2	5	9	16
C(有时)	4	6	11	18
D(极少)	8	10	14	19
E(不可能)	12	15	17	20

(1) 评价指数为 1~5：不可接受，应立即采取解决措施；

(2) 评价指数为 6~9：不希望有的，需订购方决策；

(3) 评价指数为 10~17：订购方评审后可接受；

(4) 评价指数为 18~20：不评审即可接受。

表 5-4 给出了风险评估的第二种模式。

表 5-4　事故风险评价指数矩阵(2)

事故可能性等级	事故严重性等级			
	Ⅰ(灾难性)	Ⅱ(严重)	Ⅲ(轻度)	Ⅳ(轻微)
A(频繁)	1A	2A	3A	4A
B(很可能)	1B	2B	3B	4B
C(有时)	1C	2C	3C	4C
D(极少)	1D	2D	3D	4D
E(不可能)	1E	2E	3E	4E

事故风险评价指数和评价建议的决策准则：

(1) 评价指数为 1A，1B，1C，2A，2B，3A：不可接受，应立即采取解决措施；

(2) 评价指数为 1D，2C，2D，3B，3C：不希望有的，需订购方决策；

(3) 评价指数为 1E，2E，3D，3E，4A，4B：订购方评审后可接受；

(4) 评价指数为 4C，4D，4E：不评审即可接受。

三、舰炮安全性定性要求和定量要求

安全性要求包括定性要求和定量要求，定性要求指的是用一种非量化的形式来描述对装备安全性的要求；定量要求采用安全性参数、指标来规定对装备安全性的要求。

安全性要求的制定应具有系统性和完整性。要求应保证能够识别和处理系统在寿命内的所有危险，并确保这些危险被正确消除，或这些危险带来的风险在可接受范围内。

1. 定性要求

主要包括安全性措施优先次序要求、安全性具体定性设计要求及安全性信息要求。

1) 安全性措施的一般优先次序要求

(1) 从设计上消除危险。应尽量采用可行的措施将危险消除，可以从系统结构设计、安全性设计技术及使用特性设计等方面采取措施；若某危险模式不能被彻底消除，那么要尽量减轻这些危险带来的可能事故影响。可通过设计方案的选择、降低发生概率和采取保护措施等技术将其减少到订购方规定的可接受水平；对于不能消除的危险，除了通过设计措施减轻危险影响外，还需要对在系统使用过程中残余的危险进行控制。这些控制措施在系统设计阶段就应该纳入安全性工程中。

(2) 采用安全装置。若不能通过设计消除已判定的危险或不能通过设计方案的选择满足订购方的要求，则应采用永久性的、自动的或其他安全防护装置，使风险减少到订购方可接受水平。

(3) 采用报警装置。若设计和安全装置都不能有效地消除已判定的危险，则应采用报警装置来检测出危险状况，并向有关人员发出适当的报警信号。报警信号应明显，以尽量减少人员对信号做出错误反应的可能性。

(4) 制定专用规程和进行培训。若通过设计方案的选择不能消除危险，或采用安全装置和报警装置也不能满足订购方的要求，则应制定专门的安全规程、应急预案等，并进行培训。专用的规程包括个人防护装置的使用方法。对于关键的工作，必要时应要求操管人员考核合格后持证上岗。

2) 舰炮安全性定性要求

(1) 通过设计消除已判定的危险或减少有关的危险；

(2) 危险物质应与其他活动区域及人员隔离；

(3) 舰炮及舰炮设备在舰艇上的布置应使工作人员在操作、维修、保养、调试时尽量避免危险；

(4) 尽量避免危险条件、恶劣环境所导致的危险，如炮口噪声、冲击波、舰炮调弦等对人员可能造成的伤害；

(5) 应尽量减少在舰炮使用和保障中人为差错导致的危险，如击发按钮采用保护措施、维护时危险部位设计安全位手柄等；

(6) 对不能消除的危险应采取有效措施将危险减小到最低程度，如舰炮设计时采用安全联锁、操作手采用头盔式防护装置、编写详细的防护规程等；

(7) 采取多种有效措施杜绝严重和灾难性事故的发生；

(8) 随动失控保护功能；

(9) 失相保护功能；

(10) 断电保护功能；

(11) 舰炮必须有机械限位和电气限位功能；

(12) 行程终端制动滑行角及安全制动功能；

(13) 舰炮必须有安全射界设定功能、危险射界范围及停射功能；

(14) 对身管、功率放大器件必须采取降温设计；

(15) 必须具有未击发弹及留膛弹的处理预案；

(16) 设计必要的报警装置，对危险加以预防；

(17) 操作安全(装弹安全、击发安全、安全联锁制动等)；

(18) 防火门功能；

(19) 舰炮使用和保障中人为差错容易导致危险部位和关键操作键、手柄等应有明显标示或提示；

(20) 弹药安全要求；

(21) 舰炮必须有解锁航功能；

(22) 有害气体安全排除功能；

(23) 软件设计安全性；

(24) 舰炮压弹机、输弹机、复进机等有弹簧部件的分解易造成人员伤害，必须配备有专用分解结合工具；

(25) 中大口径舰炮油路压力安全监测装置；

(26) 应编写详细的安全操作、防护规程；

(27) 操作人员应进行必要的培训，具有较高的技能，能够熟悉舰炮的结构原理和操作使用。

3) 安全性信息要求

安全性信息包括装备系统论证、研制、生产、试验、使用和退役等各阶段中有关的安全性数据、资料以及文件等。

(1) 应建立安全性信息闭环系统，并制定信息的管理要求和程序；

(2) 记录安全性信息，作为修改有关规范等文件的参考资料；

(3) 订购方应按安全性试验大纲的要求向承制方提供有关的安全性信息；

(4) 承制方应按信息管理要求或后勤保障信息要求，对研制、生产、试验和使用过程中所得到的安全性信息进行收集、传递、分析、处理、反馈和归档；

(5) 承制方向订购方提供的安全性大纲各项工作项目的资料内容、格式及交付日程，应由订购方规定。

2. 舰炮安全性定量要求

(1) 强度试验要求，机构安全性及舰炮射击极限长连射弹药数；

(2) 机械限位和电气限位角度要求；

(3) 炮口噪声、冲击波对规定位置人员的损害满足 GJB 2A—96 和其他军用标准规定的要求；

(4) 安全功能的可靠性、维修性、测试性要求；

(5) 软件安全性和电磁兼容性要求；

(6) 事故率、安全可靠度、损失率满足要求；

(7) 危险射界范围要求；

(8) 配备灭火器材数量要求；

(9) 有害气体应满足规定要求，排气装置数量和功率满足要求；

(10) 大口径舰炮液压系统压力值范围。

第二节 舰炮安全性试验方法

安全性验证方法分为试验、检查和分析三种，试验包括实验室试验、现场试验和演示试验，分析包括评价分析、类比分析和仿真分析，检查分为静态检查和动态检查。具体试验方法根据具体试验内容确定。

一、试验要求

(1) 被试舰炮应经检验合格，并具有合格证明文件和产品履历书。用于试验的弹药应为合格品并为同一批次。

(2) 参试设备应是定型产品或经过检测其性能满足试验需求的产品。

(3) 用于检测技术参数的仪器仪表精度应满足如下要求：

$$m \leqslant \frac{1}{10} m_b, \quad \delta \leqslant \frac{1}{3} \delta_b$$

式中 m——仪器仪表的系统误差；

m_b——被试品系统误差；

δ——仪器仪表的随机误差(均方差)；

δ_b——被试品被测参数的随机误差(均方差)。

二、试验安全区域确定

(1) 射击阵地应平坦、开阔、视野良好，无危险或重要地区，有必要的安全防护措施。满足被试品及参试测量设备、仪器仪表的需求。

(2) 射击区域应避开居民区，海上射击时要进行必要的扫海作业。射击区域的纵深应满足舰炮最大射程的要求。

$$X \geqslant X_m + 3\delta_X + \Delta X_a + \Delta X_b$$

式中 X——射击区域纵深距离；

X_m——舰炮最大射程；

δ_X——射弹距离散布均方差；

ΔX_a——纵风的射程修正量；

ΔX_b——弹丸的杀伤半径。

舰炮进行扇面射击的射击区确定如下：

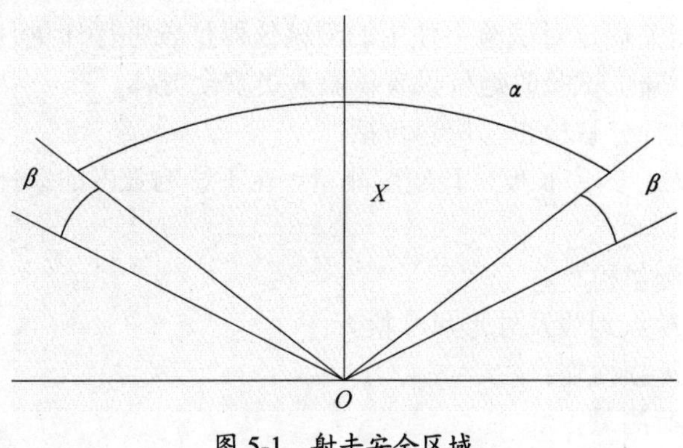

图 5-1 射击安全区域

图中：

X——射击纵深；

α——射击扇面角，大中型口径舰炮不小于 110°,小口径舰炮不小于 120°；

β——射击安全角 5°～10°。

三、试验项目及方法

1. 试验项目

(1) 舰炮安全性检查；

(2) 舰炮普通强度试验；

(3) 舰炮安全性功能试验；

(4) 炮口噪声、冲击波压力场测定试验；

(5) 实现安全功能设备的可靠性、维修性、测试性试验；

(6) 控制系统软件安全性检查；

(7) 电磁兼容性试验；

(8) 摇摆状态下舰炮机构动作检查；

(9) 有害气体检测。

2. 试验方法

1) 舰炮安全性检查

全面检查舰炮在安全方面的设计内容。

安全标记、安全提示是否清晰、醒目、易懂，安全性防护功能是否齐全，危险部位的操作人员是否配备有安全设施，为保证舰炮安全是否设计有安全联锁功能、危险射界功能、紧急制动功能、行程终端制动功能等安全措施，是否具有电/手动联锁功能，是否具备断电、欠压、过压、失相、过载等情况下的安全性设计和保护功能。设计中是否使用了危险物质，是否采取了有效隔离、防护措施。检查具有危险的零部件分解结合专用工具配备齐全性。安全操作规程的内容是否全面，危险部位的操作是否有明显的提示，是否采用了防差错设计等。

2) 舰炮普通强度试验

检验舰炮在实战条件下，受到规定最大载荷作用时的机构强度和安全性。

(1) 试验准备。

试验前，按照相关规定对试验中使用的测试仪器仪表进行计量且合格，试验阵地、靶区设置安全警戒，陆上试验时炮位设置试验人员安全掩体。

试验前对舰炮进行分解检查，内容包括：

① 身管内、外径，药室长度，直线度测量，在不影响强度的条件下对身管进行冲点划线，窥膛及照相；

② 反后坐装置测量检查；

③ 主要零部件冲点划线及外形尺寸检查；

④ 主要受力件无损探伤；

⑤ 主要弹簧负荷测量；

⑥ 主要零部件硬度检查。

试验前舰炮总装技术检查，内容包括：

① 手轮力及空回量；

② 引信测合机测量精度；

③ 自动机工作正确性、准确性和灵活性；

④ 瞄准装置性能和精度检查；

⑤ 随动系统工作误差；

⑥ 射击控制装置、供输弹装置及击发功能检查；

⑦ 制退机、复进机液量、气压检查；

⑧ 人工操作安全防护检查。

(2) 试验实施。

舰炮强度试验分为陆上试验和舰上试验，以陆上试验为主。舰炮强度舰上试验是陆上试验的重要补充，在满足舰炮允许使用海况下的舰炮强度试验，主要考核舰炮在实际使用环境下舰炮强度是否满足使用要求。

试验使用强装药、砂弹、假引信。强装药通常采用加药法或全装药保高温的方法获得。用加药法时，一般应采用原装药结构，若改变装药结构，应做 *P-T* 曲线测试，强装药的初速和膛压应满足规定要求，如无指标要求时，按照全装药保高温+50℃进行。

试验时按试验方案由监控台或正弦机赋予舰炮随动系统控制指令，驱动舰炮方向、高低同时运转，在安全区内且炮身与驻退液温度不超过规定的情况下，用高射度连续射击，射击中人员隐蔽。

用弹鼓和供弹机供弹的舰炮应一次装填最大弹药量。用弹链供弹的舰炮采用长点射(7～10 发)与短点射(3～5 发)交替射击。试验时，按照舰炮结构特点、身管升温特性，把弹药进行编组，一般分为三组，第一组的弹数较多，第二、三组射弹数应为第一组的 2/3，用于第一组射击后的保温射击。维持身管温度在 200℃～350℃。

试验用弹量根据舰炮口径和身管数确定，小口径舰炮用弹量为 300～400 发，中口径舰炮用弹量为 200～250 发，大口径舰炮用弹量为 150～200 发，多管舰炮根据不同的管数增加用弹量。

射击中应连续测量炮管(距炮口端面 200～500mm 处)外表面温度，一般大口径炮不应超过 350℃，中小口径火炮不应超过 400℃；驻退液温度，当用橡胶紧塞装置时不应超过 110℃；无橡胶紧塞装置时不应超过 100℃。当温度到达极限温度时应停止射击试验，用点温计立即测量炮身中部、尾部和带有紧塞具的炮闩气密垫的温度。整个射击试验，应有 1/2～1/3 的强度射弹数在炮口表面温度 200～350℃(或 400℃)内射击。制退液、液压油、冷却液温度不能超过相应的上限值。

(3) 试验数据。

记录以下试验数据：

① 气象参数；

② 每组射击时间及后坐长；

③ 身管温度、制退液、液压油、冷却液温度随射击时间(或用弹量)的变化曲线；

④ 故障时间、故障现象、故障原因、故障排除方法、故障分类、故障次数、损坏件。

(4) 试验结果整理。

① 列表统计试验中出现的故障现象、故障原因、故障排除方法、持续时间，并按故障发生严重性和可能性进行分类；

② 绘制身管温度、制退液温度、液压油温度、冷却液温度和射击时间(或弹数)的关系曲线;

③ 计算平均发射速度和最大发射速度;

④ 列表统计强度射击试验前后火炮静态测量结果,确定火炮特征量的变化及零部件的变形量;

⑤ 统计损坏件。

(5) 结果评定。

当舰炮主要零部件发生破损,变形量影响机构动作,或在射击过程中,出现由于设计导致的严重故障时为舰炮强度不能满足要求,出现严重影响人员和设备安全的故障或轻度和轻微故障频率过高时认为安全性不满足要求。

3) 舰炮安全性功能试验

(1) 舰炮机构动作检查。

参考不同型号的舰炮技术条件和说明书,用手动、自动、半自动、人工后坐等方法,检查舰炮开关闩、击发、抽筒、自动机的动作,反后坐装置的动作、装填输弹机构的动作、扬弹机与供弹机的动作、引信测合机的动作等。检查运动是否准确,保险装置是否可靠。同时检查发射系统各电器行程开关,在后坐、复进过程中作用的正确性与可靠性,检查在后坐复进过程中,水路、油路、气路系统的密封性。

(2) 舰炮安全射界设定功能试验。

模拟舰炮在舰艇上安装时的禁止射击区域图,设定舰炮的安全射击区。

手动检查安全射击区的正确性,记录高低角、方位角是否满足误差要求。

在自动工作状态且在安全射击区域时,检查按下击发按钮是否有击发指令,舰炮在禁止射击区域时是否自动断开击发指令,重新回到射击区域时击发指令自动恢复。

每个角度至少检查 3 次。

(3) 舰炮解锁航功能试验。

在系泊状态下,用手动、自动两种方式检查航行解锁航、锁航功能的正确性,每个动作至少试验 5 次;

在航行状态下,用自动工作方式检查航行锁解航、锁航功能的正确性,每个动作至少试验 5 次。

(4) 舰炮机械限位和电气限位功能试验。

① 舰炮机械限位检查。

用手动方式,手摇舰炮到高低、方位机械限位,记录高低角、方位角,检查是否与设计一致。

② 舰炮电气限位功能试验。

用手动方式检查制动点设置的正确性。

用自动调弦的方式冲击电气限位,记录制动滑行角和制动时舰炮的位置,不允许舰炮撞到机械限位。

(5) 紧急制动功能试验。

根据舰炮设置的紧急制动功能,模拟存在危险时的操作。使用紧急制动功能,分为两个方面内容,一是舰炮处在维修状态时,按下紧急制动按钮舰炮不能启动,二是舰炮正常情况下，按下紧急制动按钮舰炮应断电停止运转。

(6) 安全联锁功能试验。

为保护装备因操作失误或误动作造成舰炮机械结构的损坏，中、大口径舰炮一般设计有安全联锁保护机构，防止造成舰炮的重大损坏。由于各型舰炮的结构原理不同，安全联锁结构和功能也各不相同，在试验前首先应掌握安全联锁的结构和工作原理，然后在确保装备和人员安全的基础上制定具体的试验方案。试验的基本思路如下：

针对为防止误操作造成装备损坏的安全联锁，采用模拟误操作的方法试验，检查安全联锁功能的正确性。

针对为防止舰炮运行位置或状态不正确而设计的联锁，试验时模拟舰炮不正确的位置或状态，检查安全功能的正确性。例如，有的舰炮设计有“膛内有弹时不允许向膛内输弹”安全联锁控制，试验时为保证安全，膛内不能有弹，为完成安全联锁功能试验，膛内无弹状态下通过按压传感器模拟膛内有弹的状态，给上输弹指令，舰炮输弹机应不能动作。再如，某型舰炮的“弹链在循环位时禁止炮塔退弹”安全联锁功能，试验时压住拨叉在循环位传感器模拟弹链拨叉在循环位，给上炮塔退弹指令，指令不能执行，且监控台应点亮相应的安全制动灯。

(7) 失相保护功能试验。

在舰炮控制系统突然失去一相动力电源后，检查安全保护电路工作的可靠性。具体试验方法为：当三相动力电源失去一相时，电机应停止工作，全系统的设备应无任何损坏。电源恢复正常时，启动系统应能正常工作。

(8) 断电保护功能试验。

在舰炮控制系统突然断电后，检查安全保护电路工作的可靠性。具体试验方法为：系统正常工作时突然断电，断电保护装置应能使系统有效制动。滑行角不得超过技术条件要求。

(9) 危险零部件分解结合专用工具适用性试验。

针对舰炮部分零部件分解结合存在一定危险性，需要对专用工具是否匹配进行验证。例如，舰炮复进机的分解结合，必须检验专用工具的尺寸、可靠性、方便性等是否符合操作要求。

(10) 绝缘电阻和安全接地措施试验。

用兆欧表选用合适的量程检查系统动力部分和控制部分之间、动力部分和控制部分对壳体之间的绝缘电阻在正常大气条件下应大于 10MΩ。检查安全接地措施是否安全有效，用万用表检查地线和接地端的电阻值，应小于设备规定的最小值。

(11) 大误差停射功能试验。

人为设置瞄准大误差，检查舰炮瞄准大误差停射功能是否安全有效。

(12) 安全保险开关检查。

检查系统是否设置三类保险开关，即联锁开关、短路保护开关和电源开关，并采取人工方式检验开关是否安全有效。

4) 炮口噪声测定试验

(1) 试验目的。

获取脉冲噪声峰压值、持续时间和 140dB 等压曲线分布图，为评价舰炮武器对暴露于脉冲噪声中的人耳损伤和防护提供数据。

(2) 试验实施。

在陆试阵地上，以 0°射击一组三发，在以炮口在地面投影为圆心的每一条 30°径向线上，围绕武器在距离地面 1.5m 高处设置传声器，敏感面向上。离炮口最近的第一圈传声器在安全的情况下尽量靠近炮口，第二圈传声器距离炮口的位置是第一圈的两倍，第三圈传声器距离炮口的位置是第二圈的两倍，第四圈传声器距离炮口的位置是第三圈的两倍。如有人员手动操作舰炮的情况，则在操作人员周围布置传感器。

对最大脉冲噪声峰压值、持续时间和脉冲噪声压力曲线进行记录。

(3) 结果评定。

根据测试和分析结果，判定舰炮射击噪声对甲板人员、舰炮操作人员、武器装备的损害程度，作出是否满足使用要求的结论。

5) 炮口冲击波压力场测定试验

(1) 试验目的。

测定炮口冲击波等超压曲线的分布情况，为装舰提供参考数据。

(2) 试验实施。

在陆试阵地上，射击高温(±50℃)全装药或经选配的强装药砂弹，分别以 0°、30°和最大射角各射击一组，每组三发。

将冲击波压力传感器布置在实战中炮手或仪器设备所处位置上，其高度应与战斗员耳部、胸部或仪器位置同高，传感器工作面朝向炮口，并详细记录布点坐标。

炮口压力波场测定时，由于炮口气流相对炮膛轴线的对称性，只需测定炮口一侧的压力场，为了测试方便，一般射角为 0°，传感器与炮身轴线处于同一水平面内。

传感器设置距离，可根据不同舰炮的冲击波情况，在不损坏测试传感器及其支架条件下选定。

(3) 结果评定。

根据测试结果，判定冲击波对甲板上人员、武器装备的损害程度，作出是否满足使用要求的结论。

6) 实现安全功能设备的可靠性、维修性、测试性试验

按照 GJB899-90《可靠性鉴定与验收试验》、GJB2072-1994《维修性试验与评价》等相关标准结合舰炮可靠性、维修性试验和定型试验进行统计，样本不足时安排专门试验项目和内容。

7) 控制系统软件安全性试验

软件安全性是指软件运行不引起系统事故的能力。

(1) 系统故障自动记录功能检查。

模拟舰炮故障，检查是否具有故障检测、显示、报警及自动记录功能且功能正确。

(2) 保密性设计检查。

软件设计应能防止越权使用、越权修改及意外存储等功能。

8) 电磁兼容性试验

根据使用要求，舰炮系统应能在舰船电磁环境中正常工作，具体试验内容有：

(1) 电源线、控制线和信号线的传导发射应符合 GJB151A 中 CE101 的要求；

(2) 电源线的传导敏感度应符合 GJB151A 中 CS101 的要求；

(3) 磁场辐射发射应符合 GJB151A 中 RE101 的要求，电场辐射发射应符合 GJB151A 中 RE102 的要求；

(4) 磁场辐射敏感度应符合 GJB151A 中 RS101 的要求，电场辐射敏感度应符合 GJB151A 中 RS103 的要求。

9) 检查舰炮在摇摆状态下各个机构动作及运行情况

在倾斜和摇摆综合作用的环境(中、大型摇摆台或者试验舰艇上)中，系统设备通常应能正常工作，不允许出现机构动作不正常、卡死、损坏、误动作、指示失灵、润滑不正常和液体泄漏等现象。倾斜与摇摆的参数范围应符合 GJB150.23 的规定。

10) 有害气体检测

(1) 试验目的。

有害气体检测主要是指检测人工操作舰炮时，人员呼吸区域一氧化碳、氮氧化物、二氧化硫的浓度，评估舰员操作的安全性，为舰炮定型、改进、使用等提供人员安全方面的依据。

(2) 试验条件。

① 仪器需求：一氧化碳检测仪、氮氧化物分析仪、二氧化硫分析仪等与其相匹配的记录装置；

② 风速要求：关舱不超过 4.5m/s；

③ 试验中炮塔门要关闭，通风系统正常工作。

(3) 试验实施。

① 射击方式和试验用弹根据舰炮使命任务确定，一般选用高射速单发和连发射击，测量强装药、正装药、减装药射击时有害气体浓度，连发射击时试验用弹量根据使命任务确定。表 5-5 为参考方案。

表 5-5 有害气体测量射击方案(参考)

试验方案	舰炮口径	射速	装药	射击方式	射击弹药数	备注
1	中、大	高	强	单发	3 发	
2	中、大	高	正	单发	3 发	
3	中、大	高	减	单发	3 发	
4	中、大	高	强	连发	3~5 发	
5	中、大	高	正	连发	3~5 发	
6	中、大	高	减	连发	3~5 发	
7	小	高	强	连发	10~50 发	
8	小	高	正	连发	10~50 发	
9	小	高	减	连发	10~50 发	

② 采样布点一般选在操作人员呼吸带上 2 至 3 个位置，采样流量不大于 0.5L/min，采样不得改变舱内气体的总量。

③ 试验前应对仪器进行校准和合理布设，射击前开启仪器，从射击时开始记录一氧

化碳、氮氧化物、二氧化硫的浓度时间曲线，待一氧化碳浓度下降到 24ppm 以下，氮氧化物、二氧化硫浓度下降到 0.1ppm 以下且维持 1min，停止采样和记录。每种试验条件应测 3~5 次，对数据进行记录。

(4) 数据处理。

时间平均浓度：

$$C_T = \left(\sum_{i=1}^{m-1}(C_i + C_{i+1})\Delta t/2\right)/T$$

式中 T——采样时间，min；

m——采样数；

C_i——i 时刻采样的有害气体浓度值，mg/m^3；

Δt——采样时间间隔，min；

C_T——T 时间内的平均浓度，mg/m^3。

标准差计算式：

$$\sigma = \sqrt{\sum_{i=1}^{n}(x_i - \overline{x})^2/(n-1)}$$

式中 σ——标准差，mg/m^3；

n——测量次数；

x_i——每次测量的有害气体浓度值，mg/m^3；

$\overline{x}$——n 次测量的算术平均值。

试验提供最大浓度、时间平均浓度、持续时间等参数，用每次测量的算术平均值和标准差表示每种试验条件的试验结果。

(5) 结果评定。

① 比较不同试验条件下测量的有害气体浓度以及污染的程度。根据 GJB967 等相关军标标准判定测得的一氧化碳、氮氧化物、二氧化硫浓度是否超标。

② 由射击手亲自体验是否产生刺激症状，当出现有碍射击动作或对人员安全造成影响的不适反应时，无论测得浓度是否超标，均应进一步采取措施，如改进通风系统、增加或改进火药气体稀释系统等。

第三节　舰炮安全性评价

根据试验数据，评价舰炮在使用过程中对人员、装备可能导致危险的减少或消除情况，危险部位提示的全面性，安全操作规程的全面性。

对于影响舰炮安全性的各个方面可以依据试验数据逐个评价其安全性，并在各个方面评价的基础上对数据进行统计，全面评价舰炮在安全性设计方面存在的问题。

下面是采用 GJB900—90 给出的第二种模式进行的舰炮安全性风险评估示例，根据试验项目、事故严重程度和发生频率统计形成风险评估矩阵，然后判定可能的危害程度和进一步措施，详见表 5-6。

表 5-6　舰炮安全性试验数据统计表(示例)

试验项目		现象	事故严重性	发生可能性/%	
舰炮安全性检查	安全标记、提示检查	不清晰	轻微	有时	0.1~1
		缺少	严重	极少	0.0001~0.1
	安全性防护功能检查	不健全	轻度	有时	0.1~1
		缺少	严重	极少	0.0001~0.1
	危险部位安全设施配备	不齐全	轻度	极少	0.0001~0.1
		缺少	严重	不可能	<0.0001
	安全联锁功能检查	不可靠	严重	极少	0.0001~0.1
	危险射界功能检查	超出射界范围	灾难	不可能	<0.0001
	紧急制动功能检查	迟缓	严重	极少	0.0001~0.1
		失效	灾难	不可能	<0.0001
	行程终端制动功能	迟缓	严重	极少	0.0001~0.1
		失效	灾难	不可能	<0.0001
	危险物质检查	存在	轻微	有时	0.1~1
	隔离防护措施检查	不全面	轻微	很可能	1~10
	危险零部件专用工具检查	不齐全	轻微	有时	0.1~1
	防差错设计检查	不合理	轻微	有时	0.1~1
		缺少	严重	极少	0.0001~0.1
	安全操作规程检查	缺少	轻微	不可能	<0.0001
舰炮普通强度试验	身管检测	炸裂	灾难	不可能	<0.0001
		变形	严重	极少	0.0001~0.1
		膛线磨损大	轻度	有时	0.1~1
	炮尾检测	断裂	严重	极少	0.0001~0.1
		变形	轻度	极少	0.0001~0.1
	炮闩部位检测	断裂	灾难	不可能	<0.0001
		变形	严重	极少	0.0001~0.1
		提前关闩	严重	有时	0.1~1
		开闩故障	严重	极少	0.0001~0.1
	击针检测	断裂	严重	极少	0.0001~0.1
		变形	轻度	有时	0.1~1
		磨损、突出量不足	轻度	有时	0.1~1
		击针击发电压不足	轻微	很可能	1~10
	反后坐装置检测	断裂	灾难	极少	0.0001~0.1
		塑性变形	轻微	很可能	1~10
	高低齿弧检测	齿断裂	轻度	极少	0.0001~0.1
		间隙变大	轻微	很可能	1~10

(续)

试验项目		现象	事故严重性	发生可能性/%	
舰炮普通强度试验	方向齿圈检测	齿断裂	轻度	极少	0.0001~0.1
		间隙变大	轻微	很可能	1~10
	炮架检测	裂纹	严重	极少	0.0001~0.1
		变形	轻度	很可能	1~10
	摇架检测	裂纹	严重	极少	0.0001~0.1
		变形	轻度	很可能	1~10
	主要弹簧检测	断裂	严重	极少	0.0001~0.1
		变形	轻度	很可能	1~10
	供弹系统检测	供弹卡滞	轻度	很可能	1~10
		供弹通道不畅	轻微	很可能	1~10
	液压系统检测	液压油压力超出规定值	严重	很可能	1~10
		油路换向阀损坏	灾难	极少	0.0001~0.1
		油路漏油	轻微	频繁	>10
舰炮安全性功能试验	机构动作检测	自动机运转不正常	严重	不可能	<0.0001
		反后坐装置不可靠	严重	不可能	<0.0001
		装填输弹装置故障	轻度	不可能	<0.0001
		供弹、扬弹装置卡滞	轻微	极少	0.0001~0.1
		引信测合系统工作不正常	轻微	极少	0.0001~0.1
		保险装置不可靠	灾难	不可能	<0.0001
		水路、气路密闭性	轻微	频繁	>10
	安全射界设定功能检测	安全射击区不正确	灾难	不可能	<0.0001
		禁射区域射击自动断开指令不可靠	灾难	不可能	<0.0001
	舰炮解、锁航功能检测	自动解锁航功能不可靠	轻度	有时	0.1~1
		手动解锁航不到位	轻度	不可能	<0.0001
	机械、电气限位检测	机械限位与设计不一致	严重	不可能	<0.0001
		电气限位设置不合理	轻度	有时	0.1~1
	紧急制动功能检测	紧急制动功能失效	灾难	不可能	<0.0001
	安全联锁功能检测	膛内有弹，不允许输弹入膛，安全联锁失效	灾难	不可能	<0.0001
		炮弹入膛完成前禁止关闩安全联锁失效	灾难	极少	0.0001~0.1
		供弹时前一弹位有弹，禁止向该弹位供弹，安全联锁失效	严重	不可能	<0.0001

(续)

试验项目		现象	事故严重性	发生可能性/%	
舰炮安全性功能试验	安全联锁功能检测	供弹、摆弹不到位，禁止机构进一步动作，安全联锁失效	严重	极少	0.0001~0.1
		其他安全联锁装置失效	严重	极少	0.0001~0.1
	失相保护功能检测	失相保护功能失效	轻度	极少	0.0001~0.1
	断电保护功能检测	断电保护功能失效	轻度	极少	0.0001~0.1
	专用工具检测	不齐全	轻微	有时	0.1~1
	绝缘电阻和安全接地检测	绝缘电阻值小于规定值	轻度	有时	0.1~1
		安全接地可靠性检测	轻度	有时	0.1~1
	大误差停射功能检测	功能失效	灾难	不可能	<0.0001
	安全保险开关检测	功能失效	严重	不可能	<0.0001
炮口噪声测定试验	最大脉冲噪声监测	超出规定值	严重	极少	0.0001~0.1
冲击波测定试验	冲击波超压峰值	超出规定值	严重	极少	0.0001~0.1
控制系统软件安全性试验	系统故障自动记录功能检测	不正常	轻微	有时	0.1~1
	故障显示、报警功能检测	不正常	严重	有时	0.1~1
	保密性设计检测	不正常	严重	不可能	<0.0001
	安全保护功能	失效	严重	极少	0.0001~0.1
电磁兼容性试验	电磁辐射敏感度检测	超过规定值	严重	极少	0.0001~0.1
	电磁隔离措施检测	隔离措施不完整	轻微	频繁	>10
摇摆状态下各机构动作检查	机构动作检测	动作不正常	严重	极少	0.0001~0.1
	润滑检测	润滑不正常	轻微	极少	0.0001~0.1
	液体检测	漏液	轻微	有时	0.1~1
	监控台指示检测	部分功能指示失灵	严重	极少	0.0001~0.1
有害气体测定试验	检测一氧化碳浓度	浓度超标	轻度	极少	0.0001~0.1
	检测氮氧化物浓度	浓度超标	轻度	极少	0.0001~0.1
	二氧化硫	浓度超标	轻度	极少	0.0001~0.1

将各个试验项目安全的严重性和事故可能性等级进行统计，形成如下事故风险评价指数矩阵(表 5-7)。

表 5-7 事故风险评价指数矩阵

事故可能性等级	事故严重性等级			
	Ⅰ(灾难性)	Ⅱ(严重)	Ⅲ(轻度)	Ⅳ(轻微)
A(频繁)	1A(0)	2A(0)	3A(0)	4A(3)
B(很可能)	1B(0)	2B(1)	3B(4)	4B(6)
C(有时)	1C(0)	2C(2)	3C(8)	4C(6)
D(极少)	1D(3)	2D(23)	3D(9)	4D(3)
E(不可能)	1E(11)	2E(7)	3E(2)	4E(1)

依据事故风险评价指数矩阵对舰炮安全性进行综合评价：

评价指数为 2B 1 次，必须立即采取解决措施，否则不可接受；

评价指数为 1D 3 次、2C 2 次、2D 23 次、3B 4 次，3C 8 次，必须在一定的时间内进行解决；

评价指数为 1E11 次，2E 7 次，3D 9 次，3E 2 次，4A 3 次，4B 6 次，在订购方评审后可接受；

评价指数为 4C 6 次，4D 3 次，4E 1 次的不评审即可接受。

第六章　舰炮保障资源试验与评价

舰炮保障资源众多，与其他装备一样可分为八大类，主要包括舰炮操作、维修使用人力和人员、供应保障、保障设备、训练和训练保障、技术资料、计算机资源保障、保障设施、包装、装卸、储存和运输保障。保障资源是体现舰炮使用性能的重要指标，表征了舰炮保障资源的有效性、适用性及保障系统的能力，这些能力的强弱需要通过保障资源试验进行评价。本章介绍舰炮保障资源试验与评价的内容和方法。

第一节　概　述

一、舰炮保障资源试验目的和试验类型

舰炮保障资源试验主要目的是：发现和解决保障系统、保障资源存在的问题；评价保障资源与舰炮的匹配性及保障资源之间的协调性，评估保障资源的利用和充足程度及保障系统的能力是否满足保障性目标。获取保障资源的有关数据，为评价保障资源能否满足保障平时战备完好性和战时使用要求提供依据。

为完成上述试验目的，舰炮保障资源试验分为两个大的阶段，一是研制期间的舰炮保障资源试验与评价，二是部署使用期间的舰炮保障资源试验与评价。

研制期间的舰炮保障资源试验与评价重点在于发现问题、解决问题，完善保障资源和保障系统，从装备论证开始就不断从保障性分析、研制试验等多种途径获取保障性信息，不断评价保障资源对装备设计、保障性目标和保障费用的影响。研制试验和定型试验是研制期间舰炮保障性试验与评价的两个重要阶段，特别是定型阶段的保障性试验与评价，试验的主要目的是评价保障资源的有效性和适用性，其结论是舰炮定型的重要依据，是舰炮装备部队前由专业靶场进行的专业性试验与评价。本章主要介绍定型阶段的保障资源试验与评价。

部署使用期间的舰炮保障资源试验与评价重点是评估保障系统的能力，保障资源的协调性、匹配性、有效性。这个阶段的试验在装备服役后的2～5年内进行。

保障资源试验与评价，一般应按基层级、中继级使用流程和保障演示的方法进行。尽可能结合舰炮研制试验、定型试验，在实际使用中组织实施。

各保障资源的试验与评价应尽可能综合，并尽量与保障性设计特性试验及评价结合进行。

二、舰炮保障资源试验步骤

舰炮保障资源试验步骤：

(1) 明确舰炮保障资源定性要求和定量要求；

(2) 确定试验项目、内容和评价的方法；

(3) 组织试验与评价；

(4) 进行信息分析和评价，编写评价报告。

舰炮保障资源定性要求和定量要求在《舰炮研制总要求》和《舰炮研制合同》中提出，在试验前对这些要求进行梳理和分类，细化并尽可能量化成可以验证和评价的具体要求，根据这些具体要求确定试验项目、内容和方法，有的需要专门的试验，有的需要专门的功能演示验证，还有的需要通过专家打分和评审。

三、舰炮保障资源试验项目

舰炮保障资源分为人力和人员、供应保障、保障设备、训练和训练保障、技术资料、计算机资源保障、保障设施、包装、装卸、储存和运输保障等方面的内容，因此保障资源试验的内容依据这些方面的要求确定，为了试验的效率和成本，有些试验内容可结合舰炮可靠性、维修性、测试性等试验进行，有的需要安排专门的演示验证试验，有的需要组织专家评审。其主要试验项目有：

1. 技术检查

(1) 检查技术资料的齐全成套性、标准化程度、设计更改落实情况，资料的错误率等；

(2) 供应保障检查，检查供应保障方案、保障计划文件的齐全完整性，备件、工具配备的数量及齐全程度，后续保障的可行性；

(3) 保障设备检查，检查保障设备的型号、数量是否与规定和要求一致；

(4) 检查包装、装卸、储存和运输保障的规范性；

(5) 检查计算机资源的齐全及规范性；

(6) 检查试验不同时间段的舰炮技术状态。

2. RMT 试验

RMT 试验就是可靠性、维修性、测试性试验，在保障资源试验时结合 RMT 试验，根据规定级别的故障样本验证舰炮技术资料、工具、备件、保障设备的匹配性、适用性，统计舰炮技术资料的错误率，规定维修级别备件、保障设备的利用率和充足率。

3. 演示验证试验

在结合 RMT 试验样本量不充足时可采用演示验证的方法对保障资源匹配性、适用性、充足程度进行试验。

(1) 训练设备和训练程序演示验证试验；

(2) 规定级别的故障诊断、维修演示验证试验；

① 规定级别的技术资料应用演示验证试验；

② 规定级别的保障设备演示验证试验；

③ 规定级别的维修工具、备件演示验证试验；

④ 规定级别的维修人员、人力演示验证试验；

⑤ 规定级别的备件互换性演示验证试验。

(3) 舰炮自保障功能演示验证试验。

4. 专项打分评审

有些项目采用专家打分评审的方法确定是否满足保障性要求。

四、舰炮保障资源评价内容

结合 RMT 试验和演示验证试验，统计自然故障和模拟故障诊断排除时保障设备的故障诊断能力，维修时技术资料、工具的适用性、备件和互换性，统计舰炮技术资料的错误率、规定维修级别备件、保障设备的利用率和充足率，具体评价内容如下：

1. 人力和人员

评价各维修级别舰炮使用和维修配备人员的数量、专业、技术等级是否合理，是否符合规定和要求，能否满足平时和战时使用与维修舰炮的需要。

2. 供应保障

评价保障方案、计划的可行性，各维修级别配备的备件、消耗品等供应品的品种、数量的合理性，能否满足平时和战时使用与维护舰炮的要求，是否满足规定的备件满足率和利用率的要求。

3. 保障设备

评价各使用和维修级别配备的保障设备的功能和性能是否满足使用与维修舰炮的需要，品种和数量的合理性，保障设备与舰炮的匹配性和有效性，是否满足规定的保障设备满足率和利用率要求。

4. 训练和训练保障

评价训练大纲的有效性及训练器材、设备在数量与功能方面能否满足训练要求，受训练人员按大纲训练后能否胜任使用与维修舰炮工作，设计更改是否已落实在教材、器材、设备中。

5. 技术资料

评价技术资料的数量、种类、格式是否符合要求，检查技术资料的正确性、完整性、易理解性，检查设计更改是否已落实在技术资料中。使用和维修人员通过学习技术资料能否掌握舰炮结构原理，按技术资料能否完成使用、维护及维修舰炮的工作。

6. 计算机资源保障

评价用于保障计算机系统的硬件、软件、设施的适用性，文档的正确性和完整性，所确定的人员数量、技术等级等能否满足规定的要求，关于软件升级及其保障问题是否得到充分的考虑。

7. 保障设施

评价保障设施能否满足使用、维修和储存舰炮各级别备件、工辅具及保障设备的要求，检查并评价其面积、空间、配套设备、环境条件及设施的利用率。

8. 包装、装卸、储存和运输保障

评价舰炮及其保障设备等产品的实体参数、环境适应参数(冲击、振动、温度、湿度、清洁度等)、包装等级是否符合规定的要求，评价包装储运设备的可用性和利用率。

第二节　人力和人员试验与评价

人力和人员是指平时和战时使用与维修装备所需人员的数量、专业及技术等级。人力和人员规划的目标是制定出合理的人员数量和技术等级要求，装备部署后能及时得到

所需的人力和人员保障。

不同的舰炮对人力和人员的要求存在差异。首先是人员数量的要求，分为操作人员数量和维修人员数量，一般情况下，中大口径舰炮需要人员数量比小口径舰炮多，自动化程度越低需要的操作人员多，自动化程度越高需要维修人员越多，人员数量依据具体舰炮确定。其次是人员素质要求，结构复杂、自动化程度越高，舰炮维修时需要的人员素质越高，专业分类越细。人力和人员试验与评价的目的是通过试验评价各维修级别舰炮使用和维修配备人员的数量、专业、技术等级是否合理，是否符合规定和要求，能否满足平时和战时使用与维修舰炮的需要。

一、人力和人员定性要求和定量要求

1. 定量要求

(1) 操作和维修人员数量、文化程度；

(2) 操作人员对典型目标射击操作正确率；

(3) 操作人员射前、射后检查正确率；

(4) 维修人员故障分析、定位、排除正确率；

(5) 维修人员预防性维修正确率。

2. 定性要求

(1) 操作和维修人员配备合理，满足舰炮操作和维修需求；

(2) 操作人员熟练掌握操作流程；

(3) 维修人员熟练掌握规定维修级别内的维修流程及所使用的维修工具。

二、舰炮人力和人员试验项目及方法

舰炮人力和人员要求不仅体现了操作使用、维修舰炮所需人员的数量，更体现了对人员素质的要求，因此在评价人力和人员时需要对人员培训情况和达到的水平进行考评。

1. 试验项目

(1) 操作和维修人员编制、配备检查；

(2) 操作和维修人员理论考评；

(3) 舰炮使用和维修演示试验。

2. 试验方法

(1) 根据编制、配备要求检查操作和维修人员数量、文化程度、培训情况等内容。

(2) 根据训练大纲和有关要求，请专家或专门靶场的专业人员出考试卷，对操作和维修人员分别进行理论考试。

(3) 采用演示的方法结合性能试验、RMT 等使用试验对操作和维修人员进行实操考试。

① 操作人员实操考评内容主要有：舰炮维护保养操作，舰炮射前检查和射前准备操作，舰炮对海上目标射击操作，舰炮对空中目标射击操作，舰炮射后检查操作。

② 维修人员实操考评内容主要有：舰炮机械故障维修及预防性维修，舰炮电气故障维修及预防性维修。在用自然故障考评时，根据故障的维修级别确定维修人员，由维修人员按照维修手册独立完成故障分析、故障定位、故障排除、维修验证等工作；在用模

拟故障考评时，根据确定的考评人员维修级别选择、模拟故障，在维修人员事先不知道是什么故障的情况下，由维修人员按照维修手册独立完成故障分析、故障定位、故障排除、维修验证等工作。

3. 试验中记录的数据

(1) 操作、维修和计算机维护所需人员的专业、文化程度、技术等级、培训时间和数量，检查人员配备是否符合要求；

(2) 操作和维修所需人员及操作和维修时的差错记录；

(3) 人员训练类别、考核方式和成绩；

(4) 人员在计划时间内不能完成规定任务的数量和比例。

三、舰炮人力和人员评价

根据操作和维修人员的考试成绩、差错记录和完成任务情况，结合性能试验、RMT等使用试验和演示试验评价人员的配置是否合理，考核操作手和某一级别维修人员的水平是否达到使用和维修舰炮的要求。

第三节　供应保障试验与评价

供应保障是规划、确定并获得备件、消耗品的过程。供应保障的目标是以最低的费用及时、充分地提供舰炮使用与维修所需的物资。供应保障试验的目的是通过试验评价各维修级别配备的备件、消耗品等供应品的品种、数量的合理性，能否满足平时和战时使用与维护舰炮的要求，是否满足规定的备件满足率和利用率的要求，供应保障费用是否经济合理。此项试验宜在舰炮装备部队形成基本作战单元后进行。

一、供应保障定性要求和定量要求

1. 供应保障定量要求

(1) 物资满足率(某种物资在一次需求中满足率、各物资平均满足率、某种物资在各次需求中平均满足率)；

(2) 供应保障总费用。

2. 供应保障定性要求

(1) 初始保障计划、保障方案可行且易于保障，满足舰炮保障需求；

(2) 供应物资品种齐全、数量合理；

(3) 保障效费比科学合理。

二、舰炮供应保障试验项目及方法

1. 供应保障试验项目

(1) 供应保障方案、计划等技术文件审查；

(2) 供应保障满足舰炮使用与维修需要仿真、演示试验。

2. 供应保障试验方法

(1) 供应保障方案、计划等技术文件审查。从技术资料中提取供应保障方案及初始保障计划，检查供应保障系统规划可行性、完备性，检查供应物资的种类是否齐全、用途是否合理，检查供应物资的订购、包装、装卸、运输、储存、分配方案是否可行，预计供应保障费用。

(2) 供应保障满足舰炮使用与维修需要仿真、演示试验。根据选定的物资和使用时机，确定使用试验或维修试验内容，例如消耗品可选定为射前、射后检查和维护保养项目，备件可选定为故障维修项目。首先采用计算机仿真方法，用 i 表示物资需求次数，用 j 表示需要的供应物资，统计第 i 次需求中第 j 种物资需求数和第 i 次需求中第 j 种物资到位数，计算第 i 次需求中第 j 种物资满足率。再次选用演示的方法，统计第 i 次需求中第 j 种物资需求数和第 i 次需求中第 j 种物资到位数，计算第 i 次需求中第 j 种物资满足率。最后根据演示的结果，修正 j 种物资需求数，重新在计算机上仿真，统计计算第 i 次需求中第 j 种物资满足率、各物资平均满足率、某种物资在各次需求中平均满足率、供应保障总费用。

3. 试验需要记录的主要数据

(1) 各维修级别配备供应品的品种和数量；

(2) 计算机仿真数据及各项试验中需要供应品的品种、累计数量、更换寿命；

(3) 供应保障实施记录及装备使用与维修工作记录；

(4) 供应保障试验数据；

(5) 备件的互换性。

三、舰炮供应保障评价

1. 对供应保障满足装备使用与维修需要程度的评价程序

(1) 列出供应保障计划实施以来装备每一次需要供应物资的时间、地点、种类和数量，获得物资的时间、地点、种类和数量。

(2) 检查装备每一次使用供应物资时，所需的物资是否都供应到位。

(3) 评价不同级别备件、工具数量及其满足率、适用性。

(4) 求出供应物资的各种满足率，物资满足率计算公式如下：

某种物资在一次需求中满足率计算公式：

$$r_{ij} = \frac{m_{ij}}{w_{ij}} \tag{6-1}$$

式中 r_{ij} ——第 i 次需求中第 j 种物资满足率；

m_{ij} ——第 i 次需求中第 j 种物资到位数；

w_{ij} ——第 i 次需求中第 j 种物资需求数。

各物资平均满足率计算公式：

$$\overline{r_{ix}} = \frac{1}{n}\sum_{j=1}^{n} r_{ij} \tag{6-2}$$

式中 $\overline{r_{ix}}$ ——第 i 次需求中各种物资平均满足率；

n——物资种类数。

某种物资在各次需求中平均满足率计算公式：

$$\overline{r_{xj}} = \frac{1}{k}\sum_{j=1}^{k} r_{ij} \tag{6-3}$$

式中 $\overline{r_{xj}}$——第 j 种物资在各次需求中平均满足率；

k——需求次数。

(5) 分析装备执行每次任务的环境、过程、物资供应等情况，明确不同的使用与维修任务、物资订购、运输、储存等环节对供应保障的影响。

(6) 根据以上工作，对现行供应保障计划进行评价。

2. 对费用评价的方法

通过计算供应保障计划实施过程中的所有花费，及所有因供应不到位造成的损失，衡量供应保障在费用上是否可以接受，费用计算公式如下：

$$F = \sum_{a=1}^{n} q_a + \sum_{b=1}^{m} c_b + \sum_{c=1}^{j} p_c + \sum_{d=1}^{k} s_d \tag{6-4}$$

式中 F——总费用；

q_a——第 a 个步骤的花费；

n——计划实施的步骤数；

C_b——第 b 次任务因供应物资不到位造成的损失；

m——装备执行任务次数；

p_c——第 c 种物资库存损失；

j——库存物资种类数；

s_d——第 d 种物资剩余损失；

k——剩余物资种类数。

第四节　保障设备试验与评价

舰炮保障设备是指使用与维修舰炮所需的设备，包括测试设备、维修设备、试验设备、计量与校准设备、搬运设备、安装拆卸设备、工具等。保障目标是以最低的费用及时提供使用、维修装备所需的保障设备。保障设备试验的目的是通过试验评价各使用和维修级别配备的保障设备的功能和性能是否满足使用与维修舰炮的需要，品种和数量的合理性，保障设备与舰炮的匹配性和有效性，是否满足规定的保障设备满足率和利用率要求，保障费用是否经济合理。

舰炮保障设备众多，但同时在某些方面还很匮乏，如保障设备不能对舰炮所有的单元进行故障检测。舰炮保障设备主要有：

(1) 安装在监控台里的电气检测单元，完成舰炮随动系统控制和特性检测等功能；

(2) 安装在监控台里的故障检测单元，完成舰炮自检、故障检测定位等功能；

(3) 校靶镜(冷射管)；

(4) 专用油压、气压检测仪及气密性检查设备；

(5) 钳工、电工等通用和专用工具及仪器设备；

(6) 应急抢修设备；

(7) 示波器、水平仪、摇表等设备。

舰炮保障设备具有两个应用特性：

(1) 齐全性(根据舰炮检测需要)；

(2) 具体某一测试设备功能的满足性(根据特定设备的功能检测)。

一、保障设备定性要求和定量要求

1. 定量要求

(1) 保障设备的数量；

(2) 保障设备的可靠性、维修性；

(3) 测试和诊断设备对故障的检出率；

(4) 保障设备的满足率和利用率要求；

(5) 测试设备的计量要求。

2. 定性要求

(1) 各使用和维修级别配备的保障设备的功能和性能满足舰炮平时和战时使用与维修的需要，品种和数量合理；

(2) 保障设备与舰炮匹配性好；

(3) 保障设备在舰炮测试中利用率高，利用保障设备对舰炮故障的诊断准确、有效；

(4) 专用的复杂设备应具有自检功能；

(5) 保障设备的重量、安装空间和环境适应性等满足使用要求；

(6) 保障设备应具有良好的可靠性、维修性和保障性。

二、舰炮保障设备试验项目及方法

保障设备除应进行自身的各种试验与评价外，还应进行配合装备系统的综合试验与评估。

1. 保障设备试验项目

(1) 保障设备检查，检查提供保障设备的数量、功能、性能；

(2) 保障设备可靠性、维修性试验；

(3) 保障设备演示试验。

2. 保障设备试验方法

(1) 保障设备检查。

根据保障设备规划和舰炮需求，检查保障设备的数量、功能、性能是否与舰炮的需求相一致，保障设备的数量应最少，功能应齐全，性能应满足使用要求。

(2) 保障设备可靠性维修性试验。

结合舰炮可靠性、维修性试验进行，在此不再详述。

(3) 保障设备演示试验。

保障设备一般分为调试用保障设备、故障检测用保障设备、保养用保障设备等，保障设备功能及功能适应性演示试验的内容根据具体保障设备的功能确定。例如监控台的故障检测单元属故障检测用保障设备，试验时通过选择舰炮不同部位的自然故障或模拟故障，利用故障检测功能检测故障、隔离故障，全面检查保障设备的故障检测功能是否齐全，故障定位是否准确，故障的检测率、隔离率是否满足要求。

3. 试验需要记录的主要数据

(1) 各使用和维修级别配备保障设备的数量；

(2) 各项试验中需要保障设备的数量，能提供保障设备的数量；

(3) 各级保障设备是否满足功能和性能要求；

(4) 测试和诊断设备对故障的检出率；

(5) 保障设备的可靠性、维修性；

(6) 使用保障设备人员的专业、文化程度和培训时间；

(7) 技术文件与操作过程的符合性。

三、舰炮保障设备评价

试验与评价的主要内容：

(1) 保障设备可靠性、维修性和保障性；

(2) 保障设备与主装备的协调性；

(3) 保障设备种类、数量的合理性(利用率、满足率)；

(4) 保障设备自动化水平；

(5) 保障设备人机协调性；

(6) 保障设备经济性。

第五节　训练保障试验与评价

训练使用和维修舰炮人员的活动与所需的程序、方法、技术、教材和器材等称为训练和训练保障。目标是及时训练出舰炮使用与维修所需的合格人员，及时获取训练所需的保障资源。训练保障试验的目的是通过试验评价训练大纲的有效性及训练器材、设备在数量与功能方面能否满足训练要求，受训练人员按大纲训练后能否胜任使用与维修舰炮工作，设计更改是否已落实在教材、器材、设备中。

分为领先训练、初始训练和岗位训练。领先训练是在舰炮研制阶段定型试验前，由承制方协助订购方实施的对参试人员的训练。初始训练是舰炮部署前由承制方协助订购方实施的对最初使用与维修人员的训练。岗位训练是舰炮部署后由部队组织实施的对岗位上使用与维修人员的训练。

一、训练保障定性要求和定量要求

1. 训练保障定量要求

(1) 训练资料、训练器材和训练设备的数量；

(2) 训练资料、训练器材和训练设备的满足率；

(3) 训练资料、训练器材和训练设备的利用率；

(4) 训练成绩。

2. 训练保障定性要求

(1) 训练大纲、训练方案、训练计划内容完整、格式规范、实施有效，受训练人员按大纲训练后能胜任使用与维修舰炮工作；

(2) 训练器材、设备在数量与功能方面满足训练要求，设计更改已落实在教材、器材、设备中；

(3) 在舰炮研制过程中，同步考虑训练和训练保障问题，训练和训练保障具有及时性、配套性和针对性；

(4) 应尽量利用多媒体技术、影视技术和声光技术等现代教学手段，进行形象化训练，提高训练效果。

二、舰炮训练保障试验项目及方法

1. 训练保障试验项目

(1) 训练大纲、训练方案、训练计划、训练资料、训练器材和训练设备检查；

(2) 参训人员文化程度、培训记录审查及理论考评；

(3) 舰炮训练和训练保障演示试验。

2. 训练保障试验方法

训练和训练保障的试验项目应尽可能结合性能试验，且与其他保障性试验项目综合进行。

试验方法参照本章第三节供应保障试验方法，训练结束后，通过对受训人员的理论考核以及实际使用与维修装备的能力考核评价训练效果和训练保障工作。统计训练资料、训练器材和训练设备的满足率、利用率及相关训练和训练保障数据，给出定性和定量评价结果。

3. 试验需要记录的主要数据

(1) 各类训练大纲、训练方案、训练计划、训练资料、训练器材和训练设备的品种和数量；

(2) 训练器材、设备是否满足规定的功能和性能要求；

(3) 训练资料、训练器材和训练设备的满足率、利用率；

(4) 参训人员文化程度、培训记录及考评成绩。

三、舰炮训练保障评价

完成试验项目后对训练和训练保障作出评价，主要内容包括：

(1) 训练和训练保障计划的适用性，按训练大纲、方案、计划等训练的有效性，评价初始训练效果；

(2) 训练资料、训练器材和训练设备的满足率、利用率；

(3) 评价训练器材、设备在数量与功能方面能否满足训练要求；

(4) 评价训练费用的合理性。

第六节　技术资料适用性试验与评价

舰炮技术资料是使用与维修舰炮所需的说明书、手册、规程、细则、清单、工程图样、计算机软件文档等的统称。技术资料保障的目标是及时提供正确使用与维修装备所需的技术资料。舰炮技术资料主要包括舰炮配套目录(表)、技术说明书、设计图样、履历书、使用维护说明书、修理手册、备附件目录与清单、训练资料和包装、装卸、储存和运输资料等。技术资料适用性试验的目的是通过试验评价技术资料的数量、种类、格式是否符合要求，检查技术资料的正确性、完整性、易理解性，检查设计更改是否已落实在技术资料中。使用和维修人员通过学习技术资料能否掌握舰炮结构原理，按技术资料能否完成使用、维护及维修舰炮的工作。

一、技术资料定性要求和定量要求

1. 技术资料定量要求

(1) 技术资料的种类齐全、数量充足；

(2) 技术资料的错误率在规定范围内；

(3) 技术资料的满足率符合规定要求。

2. 技术资料定性要求

(1) 技术资料的种类、数量和质量应满足装备使用与维修的需要；

(2) 技术资料的编制计划应与装备研制和综合保障各专业工作计划相协调，确保及时获取编制技术资料所需的数据和资料；

(3) 技术资料应符合使用对象的接受水平和阅读能力；

(4) 订购方应根据实际需要，组织编写装备勤务指南、操作条令、指挥程序等技术使用文书；

(5) 技术资料内容系统完整、概念清楚、重点突出、层次分明、文字简练，通俗易懂、数据准确、标识正确、图样清晰、文物相符、格式规范、图文并茂、文表结合；

(6) 计算机软件开发文档应符合 GJB438A 的规定；

(7) 计量检定规程应符合 GJB1317 的规定。

二、舰炮技术资料试验项目及方法

1. 技术资料试验项目

(1) 技术资料检查；

(2) 技术资料操作使用和维修使用适用性试验。

2. 技术资料试验方法

1) 技术资料检查

(1) 根据标准和提供的资料目录，检查技术资料的种类是否齐全；

(2) 详细检查技术说明书、操作使用维护说明书、维修手册等技术资料的内容是否完整；

(3) 详细检查技术说明书、操作使用维护说明书、维修手册等技术资料是否符合通俗易懂、数据准确、标识正确、图样清晰、文物相符、格式规范、图文并茂、文表结合等有关要求。

2) 技术资料操作使用和维修使用适用性试验

(1) 技术资料操作使用适用性试验。

① 按照技术资料对战位操作人员进行培训，经过培训后采用理论考试的方法评价战位操作人员达到的理论水平；

② 经过学习培训后，通过实际操作演示，评价战位人员日维护、周维护、月维护操作的正确性和工作的熟悉程度；

③ 选择对空或对海典型任务剖面，战位操作人员按照操作使用说明书的要求完成规定的射前准备、射击操作、射后检查等工作，评价战位人员操作的正确性和工作的熟悉程度。

(2) 维修技术资料使用适用性试验。

根据故障级别分别按照基层级、中继级、基地级进行维修技术资料的适用性试验，维修技术资料适用性试验尽可能结合维修性和测试性试验，无法结合时也可单独安排试验。在舰炮发生故障或模拟故障时，经过培训的维修技术人员，按照技术资料完成分析故障原因、排除故障、验证故障的全程，记录故障维修时间、使用保障设备熟练程度、技术资料的指导作用和内容的正确性，统计根据维修技术资料维修舰炮的成功率。

3. 试验需要记录的主要数据

(1) 技术资料的种类、数量；

(2) 技术资料每页的错误率、每千字的错误率；

(3) 能够保障的技术资料种类、数量，订购方需求技术资料的种类数量；

(4) 按照技术资料完成操作、维修的成功率。

三、舰炮技术资料评价

(1) 技术资料的正确性、完整性评价。图样和技术文件的数量、品种、完整性、准确性、标准化情况，内容和格式是否满足规定的要求，技术资料中的名词术语是否统一，技术资料中的警告、提醒及安全注意事项是否合理、醒目，技术资料与实物是否一致。

(2) 技术资料的错误率、满足率，评价是否符合规定要求。

(3) 技术资料的适用性，技术资料与操作、维修使用过程的符合性，部队依据技术资料完成工作情况。

附：舰炮技术资料的一般构成

1. 舰炮配套目录(表)

舰炮配套目录(表)用以说明交付给订购方的舰炮及其配套设备的项目与数量。其内容主要包括：舰炮配套目录、标校仪器一览表、专用工具一览表。

2. 技术说明与图样资料

技术说明与图样资料用以描述舰炮的战术技术特性、工作原理、总体及部件的构造等。主要包括技术资料汇总表、技术说明书、图样资料等。

(1) 技术资料汇总表。

说明交付给订购方的全部技术资料的项目与数量，提供技术资料成套目录。

(2) 技术说明书。

技术说明书内容主要包括舰炮战术技术特性、结构组成、功能、工作原理等。

(3) 图样资料。

图样资料包括整机及部件分解图；装备总图；装备系统及各分系统图；原理图；电路图；安装图；外形图；标志图。

3. 使用维护资料

使用维护资料用以描述操作人员正确使用和维护装备所需的有关舰炮使用和测试的全部技术文件、数据和要求。主要包括舰炮履历书、使用维护说明书等。

(1) 舰炮履历书应包括下列内容：

① 填写规则；

② 验收证明；

③ 质量情况及基本技术数据；

④ 检验试验登记表；

⑤ 交接登记表；

⑥ 运输登记表；

⑦ 储存登记表；

⑧工具、备附件清单；

⑨ 备附件启用登记表；

⑩ 装备使用数据登记表；

⑪ 装备维修数据登记表。

(2) 使用维护说明书应包括下列内容：

① 装备系统的工作条件；

② 安装与调整；

③ 装备正常使用条件下和非正常使用条件下的操作程序与要求；

④ 水、电、气和润滑油脂的充、填方法和要求；

⑤ 装备预防性维修检查和保养的内容和方法；

⑥ 常见故障的现象、原因分析、排除方法及注意事项；

⑦ 检查及维护规程或说明；

⑧ 安全保护及事故处理。

(3) 测试细则主要内容有：

① 测试目的；

② 测试前的准备工作；

③ 测试设备的使用与维护；

④ 测试项目、程序、方法、要求、技术数据及参数调整方法；

⑤ 测试结果判定；

⑥ 注意事项及应急处理方法。

4. 维修资料

维修资料用以描述装备各维修级别上的维修操作程序和要求。主要包括修理手册、战场损伤评估与修复手册、计量检定规程等。

(1) 修理手册。

修理手册的主要内容包括：

① 各维修级别进行工作的时机、工作范围及所需人员技术等级；

② 被修理产品的用途、功能、结构、组成及附图；

③ 拆卸与安装的方法、程序、标记和技术要求；

④ 故障检查的方法和步骤；

⑤ 修理方法、程序、工艺过程及所需设备、工具及材料等；

⑥ 修后试验规程、项目、条件、方法和验收的技术条件及必须履行的手续。

(2) 装备战场损伤评估与修复手册。

应按 GJBz20437 的规定说明装备战场损伤评估程序、应急抢修办法和所需保障资源清单，不必说明修理手册中给出的常规修理办法。

(3) 计量检定规程。

内容和编写要求见 GJB1317。

5. 备附件的目录与清单

备附件的目录与清单主要为备附件的订货、采购和费用计算提供依据。其内容主要包括：

(1) 随机备附件、消耗品配套表；

(2) 地面设备备附件、消耗品配套表；

(3) 标准件、外购件汇总表；

(4) 关键件、重要件汇总表；

(5) 易损件汇总表等。

6. 训练资料

根据舰炮训练要求由研制部门编写有关训练器材结构原理方面的资料。使用部门根据使用和训练要求编写训练大纲、训练组织、训练评定等方面的资料。

7. 包装、装卸、储存和运输资料

包装、装卸、储存和运输资料用以描述装备及其保障设备、备件等的包装、装卸、储存和运输的技术要求及实施程序。其主要内容包括：

(1) 包装的等级、打包的类型、防护措施；

(2) 包装方法、程序及注意事项；

(3) 装卸设备、装卸要求；

(4) 装卸方法、程序及注意事项；

(5) 储存方式、储存条件、储存期限及注意事项；

(6) 运输方式、运输条件、实施步骤及注意事项。

第七节　计算机资源试验与评价

计算机资源保障是指使用与维修舰炮中的计算机所需的设施、硬件、软件、固件、文档、人力和人员。保障目标是以最低的费用及时提供计算机使用与维修所需的设施、硬件、软件、固件、文档、人力和人员、技术服务等。计算机资源保障试验的目的就是评价用于保障计算机系统的硬件、软件、设施的适用性，文档的正确性和完整性，所确定的人员数量、技术等级等能否满足规定的要求，关于软件升级及其保障问题是否得到充分的考虑。

一、计算机资源保障定性要求和定量要求

1. 计算机资源保障定量要求

计算机保障设施、硬件、软件、文档的品种和数量要求。

2. 计算机资源保障定性要求

(1) 计算机资源保障工作应贯穿装备的整个寿命周期， 并与其他保障工作协调、统一；

(2) 应特别重视计算机软件保障的规划与管理；

(3) 编制软件应采用全军统一使用或推荐使用的计算机语言；

(4) 设计硬件应采用全军统一使用、推荐使用或新的技术成熟的硬件系列、总线体制和接口方式；

(5) 计算机的使用与维修应尽量不需配备专用设施；

(6) 应充分考虑计算机软硬件升级换代和技术更新的需要；

(7) 应尽量保证维修软件所用的硬件环境、软件环境与研制软件所用的一致或互相兼容；

(8) 承制方应按 GJB438A 的规定编制各类软件文档；

(9) 应尽量降低对计算机使用与维修人员数量和技术水平的要求。

二、舰炮计算机资源保障试验项目及方法

1. 计算机资源保障试验项目

(1) 计算机资源及保障计划检查；

(2) 计算机资源及保障计划适用性试验。

2. 计算机资源保障试验方法

1) 计算机资源及保障计划检查

(1) 检查计算机设施保障、硬件保障、软件保障、文档保障的品种和数量；

(2) 检查计算机资源保障计划(设施保障计划、硬件保障计划、软件保障计划、文档保障计划、人力和人员保障计划)的完整性和适用性。

2) 计算机资源及保障计划适用性试验

计算机资源保障试验与评价采用与舰炮性能试验、软件试验、实操演示等方法综合进行。

3. 试验需要记录的主要数据

(1) 计算机硬件、软件、文档的品种和数量；

(2) 计算机软件维护过程所需人员数量和技术等级。

三、舰炮计算机资源保障评价

重点评价保障资源的配置是否合理、经济、充足。

第八节　保障设施试验与评价

保障设施是指使用与维修舰炮所需的永久性和半永久性的建筑物及其配套设备，保障目标是以最低的寿命周期费用提供舰炮使用与维修所需的保障设施。保障设施试验的目的是通过试验评价保障设施能否满足使用、维修和储存舰炮及各级别备件、工辅具、保障设备的要求，检查并评价其面积、空间、配套设备、环境条件及设施的利用率。

舰炮基地级保障设施应尽量利用基地现有设施，减少新建设施。新建和改建设施应考虑舰炮发展的需求。应采用寿命周期费用估算技术和分析方法，合理确定新建或改建设施的基建、配套设备安装、使用和维护管理等费用。在定型阶段只进行保障设施规划的检查、评审，此项试验宜在舰炮装备部队后结合舰炮中修或大修进行。

一、保障设施定性要求和定量要求

1. 保障设施定量要求

(1) 基地级备件、工辅具、保障设备的存储面积、空间、环境条件；

(2) 基地级保障设施利用率。

2. 保障设施定性要求

(1) 保障设施应符合舰炮的技术要求和使用与维修的工艺流程；

(2) 舰炮保障设施尽可能利用现有保障设施；

(3) 保障设施建设必须平战结合，讲求效益。

二、舰炮保障设施试验项目及方法

1. 保障设施试验项目

保障设施试验项目主要有：

(1) 定型阶段的保障设施规划检查和评审；

(2) 保障设施及设备适用性试验。

2. 保障设施试验方法

1) 保障设施检查

检查规划的保障设施是否满足舰炮使用维修要求，是否充分考虑了现有保障设施的利用。

根据类似舰炮服役期内维修、调试频率，估算保障设施及设备的利用率。

2) 保障设施及设备适用性试验

结合舰炮中修或大修进行保障设施及设备适用性试验。

检查基层级舰艇上配备保障设施的数量，备件、工辅具、保障设备的存放位置是否便于使用，存放环境条件是否满足要求。

基地级舰炮保障设施，主要有维修船坞和车间面积、空间、配套设备、环境条件等，评价其是否满足舰炮维修、调试要求，备件、工辅具、保障设备、维修技术资料存放条件是否满足要求。

根据一艘舰艇上舰炮一次维修、调试时保障设施及设备的利用情况和服役期内的维修调试频率，估算保障范围内保障设施及设备的利用率。

3. 试验需要记录的主要数据

(1) 规划的保障设施及设备数据；

(2) 保障设施设计、施工数据、面积、空间、配套设备、环境条件、工程费用；

(3) 基地级备件、工辅具、保障设备的数量、外形尺寸；

(4) 保障设施及设备的使用与维护记录等。

三、舰炮保障设施评价

保障设施评价内容主要有：

(1) 保障设施及其配套设备满足装备使用与维修、训练、储存需要的程度；

(2) 保障设施及其配套设备维护保养的容易程度；

(3) 保障设施利用率；

(4) 保障设施及其配套设备费用。

第九节　包装、装卸、储存和运输保障试验与评价

包装、装卸、储存和运输是指为保证舰炮及其保障设备、备件等得到良好的包装、装卸、储存和运输提供所需的程序、方法和资源等。保障目标是使舰炮及其配套设备便于包装储运，保证舰炮及其配套设备能安全到达部队，并在规定的储存期限内保持完好无损，以最低费用实施装备的包装储运。试验目的是评价舰炮及其保障设备等产品的实体参数、环境适应参数(冲击、振动、温度、湿度、清洁度等)、包装等级是否符合规定的要求，评价包装储运设备的可用性和利用率。

一、包装、装卸、储存和运输保障定性要求和定量要求

1. 包装、装卸、储存和运输保障定量要求

(1) 舰炮及其保障设备等产品的实体参数、环境适应参数应满足包装、装卸、储存和运输要求，舰炮及各箱柜重量、尺寸满足装舰要求；

(2) 环境适应参数、储存期限满足规定要求；

(3) 装卸的效率应满足规定要求；

(4) 运输费用应满足规定要求。

2. 包装、装卸、储存和运输保障定性要求

(1) 在设计舰炮时应考虑其包装储运问题，使舰炮设备设计得便于包装储运。舱室内舰炮设备应考虑舰上安装时舱室门的尺寸，舰炮补供弹设备尺寸较大时应考虑在舰上的安装时机。同时应考虑舰炮及补供弹设备在公路运输时桥洞、桥梁的通过性。

(2) 必要时，特殊包装储运设备应与装备同步研制、试验和定型，使包装储运设备与装备相匹配。

(3) 应尽量利用现有的包装储运资源。

(4) 舰炮的包装储运程序应简明、易行。

(5) 对舰炮的包装储运必须采取有效措施，确保安全并防止污染环境。

(6) 在保证任务要求的情况下，应分析确定费用最低的包装储运方式。

二、舰炮包装、装卸、储存和运输保障试验项目及方法

1. 包装、装卸、储存和运输保障试验项目

对新研制的包装储运设备应进行以下试验：

(1) 周期暴露试验；

(2) 泄漏试验；

(3) 跌落试验；

(4) 吊装试验；

(5) 振动试验；

(6) 堆码试验；

(7) 运输试验。

2. 包装、装卸、储存和运输保障试验方法

试验方法按 GJB 145A、GJB 2711 规定的方法进行。

3. 试验需要记录的主要数据

(1) 装载、卸载引起的试品损坏数量和程度；

(2) 各类运输引起的试品损坏数量和程度；

(3) 各类包装引起的试品损坏数量和程度；

(4) 危险品包装、装卸、储运的分析和试验数据。

三、舰炮包装、装卸、储存和运输保障评价

评价的主要内容包括：

(1) 装备的尺寸、结构、重心等是否满足有关限制要求；

(2) 采用的包装方式、包装技术是否与自然环境(气象、水文、地理条件)、机械环境(冲击、振动、超载等)和包装等级相适应；

(3) 提升与栓系点的尺寸、强度、标志是否适当；

(4) 装卸的效率、方便性和安全性是否满足要求；

(5) 储存期限、方式与环境条件是否满足要求；

(6) 包装储运设备(设施)是否满足要求；

(7) 备件、消耗品的包装应符合 GJB 1653、GJB 2684 的规定；

(8) 采用机械装卸或人工装卸方式是否合理；

(9) 储存方式；

(10) 运输费用是否合理。

第七章　舰炮保障性综合评估

前面章节介绍了舰炮保障设计特性和保障资源的试验与评价，本章讨论舰炮保障性综合评估要求、评估类型、试验与评估方法等内容。舰炮保障性综合评估主要从战备完好性、效能、费用、费效比等综合参数进行评价，保障性是一个综合性能指标，比可靠性、维修性、测试性等使用性能指标更具有广泛性，效能和寿命周期费用在新型舰炮研制中得到越来越广泛的重视，成为舰炮鉴定、定型试验的重要内容。

第一节　概　　述

一、保障性评估目的及内容

1. 舰炮保障性评估的目的

本书探讨的主要是舰炮定型试验内容，舰炮在定型阶段进行保障性试验其目的主要有：

(1) 验证前期保障性分析、设计的有效性，权衡使用方案、设计方案、保障方案，评估舰炮保障性是否满足研制要求，提出保障方案调整建议，优化保障方案；

(2) 收集并记录保障性数据，为建立保障性数据库提供基础数据；

(3) 评价舰炮保障性，为舰炮定型提供依据。

2. 舰炮保障性评估的主要内容

舰炮在定型阶段保障性试验与评价的主要试验内容有战备完好性、安全性、效能、保障费用及费效评估等。

舰炮战备完好性是一个保障性综合评估指标。主要内容有使用可用度、使用可靠性、维修性、保障资源、保障系统能力等。舰炮战备完好性评估是对舰炮完整系统在规定的实际使用环境下进行的评估。在设计定型阶段，通过保障性设计特性试验与评价和保障资源试验与评价的结果初步分析舰炮系统达到战备完好性要求的可能性，发现问题及时采取纠正措施。

舰炮安全性评估主要分析舰炮设计中为保证人员和装备安全相关的内容，主要有危险射界功能、安全制动功能、断电失相保护功能等。

舰炮效能、费用评估主要分析评价舰炮效能是否满足研制要求，预估保障方案所引起的保障费用是否经济可行，费效比是否合理，未来保障方案的的可行性。

在方案论证、研制生产、设计定型、系统使用等阶段系统战备完好性评估的目的、内容有所不同。

保障性试验与评价结合定型试验和部队试验进行，主要采用统计试验和演示验证试验两种方法。

二、装备在编时间的划分

装备保障性参数多数以时间或概率来进行描述，为了更好地理解装备保障性参数，下面简要介绍装备在编时间的划分。GJB451-90《可靠性维修性术语》规定了装备在编时间的划分，见图 7-1。

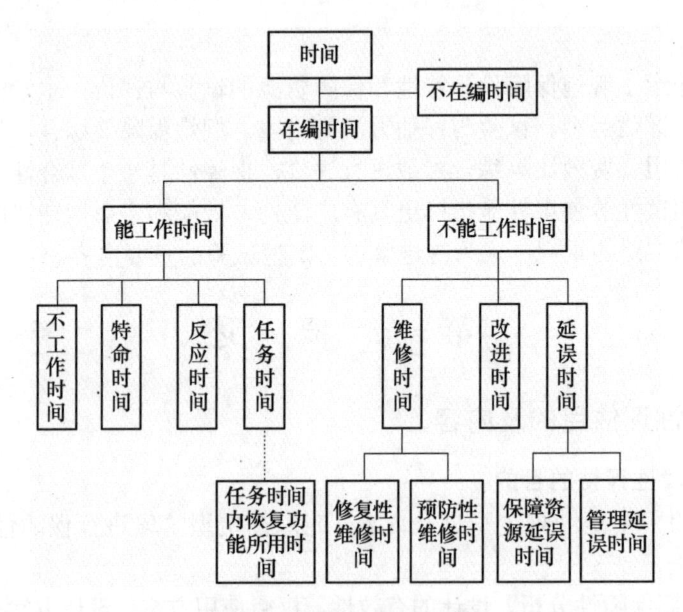

图 7-1　装备在编时间划分

GJB 451—90《可靠性维修性术语》标准中对保障性参数进行了明确和定义，这些参数都与时间有关，下面是主要名词或参数的定义。

维修：为使产品保持或恢复到规定状态所进行的全部活动。

预防性维修：通过对产品的系统检查、检测和发现故障征兆以防止故障发生，使其保持在规定状态所进行的全部活动。它可以包括调整、润滑、定期检查和必要的修理等。

修复性维修(修理)：产品发生故障后，使其恢复到规定状态所进行的全部活动。它可以包括下面一个或全部步骤：故障定位、故障隔离、分解、更换、再装、调准及检测等。

平均故障间隔时间 MTBF：可修复产品可靠性的一种基本参数。其度量方法为：在规定的条件下和规定的时间内，产品的寿命单位总数与故障总次数之比。

故障率 λ：产品可靠性的一种基本参数。其度量方法为：在规定的条件下和规定的时间内，产品的故障总数与寿命单位总数之比。

平均维修间隔时间 MTBM：与维修方针有关的一种可靠性参数。其度量方法为：在规定的条件下和规定的时间内，产品寿命单位总数与该产品计划维修和非计划维修事件总数之比。

平均维修活动间隔时间 MTBM：与维修人力有关的一种可靠性参数。其度量方法为：在规定的条件下和规定的时间内，产品寿命单位总数与该产品预防性维修和修复性维修活动总次数之比。

平均维修时间 mean-maintenance-time：与维修方针有关的一种维修性参数。其度量方法为：在规定的条件下和规定的时间内，预防性维修和修复性维修总时间与该产品计划维修和非计划维修事件总数之比。

平均修复时间 MTTR：产品维修性的一种基本参数。其度量方法为：在规定的条件下和规定的时间内，产品在任一规定的维修级别上，修复性维修总时间与在该级别上被修复产品的故障总数之比。

修复率 μ：产品维修性的一种基本参数。其度量方法为：在规定的条件下和规定的时间内，产品在任一规定的维修级别上被修复的故障总数与在该级别上修复性维修总时间之比。

可用性 availability：产品在任一随机时刻需要和开始执行任务时，处于可工作或可使用状态的程度。可用性的概率度量亦称为可用度。可工作状态或能工作状态是指能完成预定功能的状态。

产品在开始时的状态取决于与战备完好性有关的系统可靠性及维修性参数的综合影响，但不包括任务时间。

固有可用性 A_i：仅与工作时间和修复性维修时间有关的一种可用性参数。其一种度量方法为：产品的平均故障间隔时间与平均故障间隔时间、平均修复时间的和之比，称为固有可用度。

可达可用性 A_a：仅与工作时间、修复性维修和预防性维修时间有关的一种可用性参数。其一种度量方法为：产品的工作时间与工作时间、修复性维修时间、预防性维修时间的和之比，称为可达可用度。

使用可用性 A_o：与能工作时间和不能工作时间有关的一种可用性参数。其一种度量方法为：产品的能工作时间与能工作时间、不能工作时间的和之比，称为使用可用度。

舰炮的工作时间主要有训练时间、战备时间、演练时间、保养时间等，是舰炮在服役期间完成规定任务的时间，是舰炮能工作时间的组成部分。

舰炮的能工作时间是指舰炮处于能够完成规定任务状态的时间。

舰炮的不能工作时间主要有维修时间(预防性维修、修复性维修)、延误时间(保障延误和管理延误)、改进时间等，是舰炮处于不能执行规定任务状态的时间。

本节介绍舰炮保障性综合评估要求，舰炮保障性综合要求主要有：战备完好性(可用度、使用可靠性、维修性)、保障费用、效能。

三、保障性综合评估的内容

1. 战备完好性评估

包括舰炮使用可用度、使用可靠性维修性、保障资源、保障系统能力、舰炮安全性等。

2. 费效分析评估

1) 效能分析评估

研制一型舰炮的目的就是想通过拥有它而获得想要的作战目标，也就是理想的作战效能，研究舰炮效能的目的在舰炮寿命的不同阶段有不同的目的。

(1) 论证阶段：作战使用中赋予舰炮的使命任务是什么？作战使用中需要的舰炮效能

是什么？现有技术能否实现期望的舰炮效能？

(2) 研制阶段：如何通过设计和生产使所研制的舰炮达到想要的效能？

(3) 试验阶段：所研制舰炮是否达到了论证和设计要求的舰炮效能？

(4) 使用阶段：进一步验证舰炮达到的效能，使用中如何发挥舰炮应有的效能。

这里我们研究舰炮效能的目的是如何通过试验验证所研制舰炮是否达到了论证和设计要求的舰炮效能。

装备效能的定义和分类有多种，有的将舰炮效能定义为：在规定的条件下和规定的时间内，舰炮完成规定作战任务的能力。中大口径舰炮、小口径舰炮和近程防御舰炮有着不同的使命任务，这一点在第一章中已经提到。按照舰炮使命任务的不同，舰炮效能可分为对海效能、对岸效能、防空效能、反导效能及综合效能等。设计有半自动和人工作战操作方式的舰炮能够独立完成使命任务，而只设计全自动工作方式的舰炮必须配置跟踪器和火控设备形成舰炮武器系统才能完成规定的使命任务。

有的将舰炮效能分为指标效能、系统效能、作战使用效能。

舰炮性能指标可分为单一的和综合的两种，单一的指标有射程、射高、精度、可靠性，综合的性能指标有命中概率和毁伤概率。

新型舰炮是集机、电、液一体的复杂系统，衡量舰炮效能需要用多个指标，如平均最大射程、立靶密集度、平均故障间隔发数、平均故障间隔时间等。

效能与可用度、可信度、固有能力等有关，是一个综合指标。

2) 费用分析评估

费用分析评估在舰炮研制的不同阶段都要进行，有着不同的目的。在定型试验阶段分析费用的目的主要是舰炮寿命周期费用是否合理，发挥应有效能经济是否可承受，追求最佳效费比，费用与效能之间的合理关系，特别是规划的使用保障费用是否合理，为进一步优化保障方案提出修改建议。

费用分析评估的主要内容有：

(1) 寿命周期费用。

研究装备经济可承受性，要从装备的寿命周期费用开始，装备在全寿命内经过预研、研制、列装、使用维持、报废等过程(表 7-1)，在这个过程中都要发生费用，分析装备寿命周期费用、科学合理地控制装备寿命周期内各阶段的费用是一项非常复杂的工程。要做到装备研制得起、买得起、用得起，用得起就是指保障费用。

表 7-1　舰炮寿命周期费用的组成

	预研	研制			列装	使用维持	报废
		设计	生产	试验鉴定			
装备费用	材料	材料	材料、加工、初样、正样费用	装备运输安装、检查维修等费用	运输、安装、装备生产费用	保障费用	拆卸
人员费用	研究人员费用	设计人员费用	生产人员费用	试验人员费用	生产人员、安装人员费用	管理、使用、保障等人员	拆卸人员费用

在舰炮寿命周期中，列装之前的费用是采办费用，装备服役后发生的费用有使用保障费用和寿命终止的报废处理费用，使用费用和维持费用在装备寿命周期费用中占有重要比重。

(2) 使用保障费用。

关注保障费用是为了在满足保障要求的前提下降低寿命周期费用。

与保障费用有关的费用主要有：维修材料费用(备件、工具)、维修人员费用、管理人员费用、维修材料运输保障费用、弹药消耗费用等。

保障费用的统计，保障费用不可能在装备定型阶段给出准确的量值，只有装备后，在使用中进行统计。但在定型阶段、在理想条件可进行预计，作为制定和规划装备使用保障的参考数据。

四、舰炮保障性综合评估时机

在舰炮寿命周期的不同阶段都要进行保障性分析评估，但目的不同。

(1) 方案论证阶段：设计方案能否满足保障性要求，为选择和优化设计方案提供依据。

(2) 研制阶段：分析舰炮保障性实现方法，分析保障方案与设计方案的匹配性，优化保障方案设计和舰炮技术设计。

(3) 试验鉴定阶段：通过试验分析舰炮保障性和保障方案，为完善保障方案提供数据。

(4) 使用阶段：搜集使用阶段的保障性数据，进一步优化、完善保障方案。

第二节　舰炮战备完好性评估模型

舰炮战备完好性是一项综合指标，用一系列参数来综合衡量，评估的主要内容有舰炮使用可用度、使用可靠性、维修性、保障资源、保障系统能力、舰炮安全性等。下面作简要介绍。

一、舰炮可用度

可用度是恒量舰炮使用性能的重要综合指标，可以理解为舰炮寿命周期内能工作时间与寿命内服役时间的比。舰炮能工作是指舰炮处于良好技术状态，能够执行战备、训练、战斗、待机等任务剖面内的各项任务，能工作时间是由这些时间累积而成的时间。舰炮服役时间主要包括能工作时间，预防性维修、修复性维修及管理待命时间等，是舰炮服役期内的总时间。舰炮同其他武器装备一样，舰炮可用度可进一步分为固有可用度、可达可用度、使用可用度。

1. 舰炮固有可用度 A_i

舰炮固有可用度与工作时间和修复性维修时间有关，固有可用度是指舰炮处于良好技术状态时平均持续工作时间占平均工作时间和故障平均修复时间和的百分比。

$$A_i = \frac{T_{BF}}{T_{BF} + \bar{M}_{ct}} \tag{7-1}$$

式中　T_{BF}——平均故障间隔时间(MTBF)；

$\bar{M}_{ct}$——平均修复时间(MTTR)。

2. 舰炮可达可用度 A_a

舰炮可达可用度与工作时间、修复性维修时间和预防性维修时间有关，可达可用度是指舰炮平均维修间隔时间占平均维修间隔时间和平均维修时间和的百分比。平均维修时间包括平均预防性维修时间和平均修复性维修时间，有

$$A_a = \frac{T_{BM}}{T_{BM} + \bar{M}} \tag{7-2}$$

式中 T_{BM}——平均维修间隔时间(MTBM)；

$\bar{M}$——平均维修时间。

可达可用度考虑了预防性维修时间，固有可用度只考虑工作时间和修复性维修时间，没有考虑预防性维修，固有可用度是设计的理想的可用度，可达可用度考虑了预防性维修。不做预防性维修舰炮就可以正常使用是一种理想，但为了防止故障的出现，必须进行预防性维修，这就是日常维修护保养、检查维修的意义所在。

3. 舰炮使用可用度 A_0

基础数据的获得有两种途径：一是在舰炮定型试验及专门的可靠性维修性试验中统计舰炮能工作时间和不能工作时间，估计舰炮在装备部队后可能达到的使用可用度，这是对未来的预估。二是在舰炮服役期间，统计在编时间的各组成要素，计算舰炮使用可用度，这时数据更为丰富和准确，是对在役装备的评估。

舰炮使用可用度与舰炮能工作时间和不能工作时间有关，是指舰炮能工作时间与能工作时间、不能工作时间的和之比。

$$A_0 = \frac{T_0 + T_{ST}}{T_0 + T_{ST} + T_{PM} + T_{CM} + T_{ALDT}} \tag{7-3}$$

式中 T_0——使用时间；

T_{ST}——待机时间；

T_{PM}——预防性维修时间；

T_{CM}——修复性维修时间；

T_{ALDT}——管理和保障延误时间。

使用可用度考虑的是工作时间与不能工时间的关系，不能工作时间包含的内容更多。

二、使用可靠性维修性

系统可靠性维修性、固有可靠性维修性、使用可靠性维修性含义不同，系统可靠性维修性直接与战备完好、任务成功、维修人力及保障资源有关。固有可靠性只考虑舰炮设计制造的影响，并假设使用及保障条件是理想的。使用可靠性维修性包括产品设计、安装、质量、环境、使用、维修的综合影响，是表述实际使用过程中可靠性维修性参数。

维修性要求的提出与维修级别相关，在试验时分类记录所有故障维修参数，一般只给出舰员级要求，统计分析时应统计舰员级维修时间，评估舰员级维修性。

在舰艇上主炮(中大口径舰炮)和副炮(小口径舰炮或近程防御舰炮)的配置不同，主炮

一般只有一座，一座炮为一个作战单元，统计使用可靠性维修性以一座炮为单位；副炮一般有2～4座为一个作战单元，统计使用可靠性维修性以舰艇上配置的所有构成作战单元的副炮为单位(注意：定型试验时只有一座炮，如果舰艇配置n座，则n座的使用可靠性维修性只能进行估算)。

1. 副炮使用可靠性和维修性

$$平均不能工作事件间隔时间=\frac{作战单元舰炮寿命单位总数}{作战单元不能执行任务事件总数} \tag{7-4}$$

$$平均修复时间=\frac{作战单元舰炮修复性维修总时间}{作战单元不能工作事件总数} \tag{7-5}$$

$$任务可靠性=1-\frac{作战单元任务期间故障总数}{计划作战单元执行任务总数} \tag{7-6}$$

2. 主炮使用可靠性维修性

$$平均不能工作事件间隔时间=\frac{舰炮寿命单位总数}{不能执行任务事件总数} \tag{7-7}$$

$$平均修复时间=\frac{舰炮修复性维修总时间}{不能工作事件总数} \tag{7-8}$$

$$任务可靠性=1-\frac{任务期间故障总数}{计划执行任务总数} \tag{7-9}$$

三、舰炮保障资源

保障资源定量要求一般用备件满足率、备件利用率、保障设备满足率，在定型试验时结合可靠性维修性及其他性能试验进行统计备件使用情况。计算方法如下。

1. 备件利用率 r_l

备件利用率表征舰炮某一维修级别的某段时间或射击弹药数内的备件使用情况，有

$$r_l=\frac{m}{w} \tag{7-10}$$

式中 r_l——某一级别备件利用率；

m——该维修级别备件实际使用数；

w——该维修级别备件拥有数。

2. 备件满足率 r_m

备件满足率表征舰炮某一维修级别的某段时间或射击弹药数内备件的拥有情况，有

$$r_m=\frac{m}{w} \tag{7-11}$$

式中 r_m——某一维修级别备件满足率；

m——该维修级别能够提供的备件数；

w——该维修级别需要提供的备件数。

3. **保障设备利用率**

表示方法与备件利用率类似。

4. **保障设备满足率**

表示方法与备件满足率类似。

四、保障系统能力

延误时间由保障资源延误时间和管理延误时间组成，保障资源延误时间是指由保障资源生产、运输等本身原因引起的延误时间，管理延误时间是指由于上报、批准、申领等管理方面原因引起的延误时间。

延误时间＝保障资源延误时间＋管理延误时间

五、舰炮安全性

舰炮安全性主要考虑人员安全性、装备安全性两个方面，与人员安全性相关的设计主要有噪声、有害气体、舰炮强度及操作安全等，与装备安全性相关的设计主要有舰炮强度、机械和电气安全制动、危险射界等。根据舰炮安全性定性和定量要求全面对舰炮安全性进行评价。

评价时可采用第五章推荐的事故风险评价指数矩阵的方法，进行风险指数和危险等级统计分析，评价舰炮的安全性。不允许有严重危害人员和装备安全的不合格项，有一项不合格即为安全性不满足要求，在试验中出现灾难故障的为不合格。

第三节　舰炮效能分析评估

一、舰炮效能概念及分类

研制一型装备，我们希望在作战使用中完成规定的使命任务，达到一定作战目的，达到作战目的的程度就是装备使用的效果。一型装备可能具备多种功能，在一定条件下一定功能的发挥，达到预定的使用目的，这型装备就发挥了它一定的效能。作战使用中追求的效果体现了装备完成规定任务的能力。装备作战效能在论证时提出，在设计研制中赋予，在试验和使用中验证，在作战中发挥。因此装备研制阶段的定型试验是验证装备效能的重要环节。

装备效能定义：在规定的条件下达到规定使用目的的能力就是装备的效能。有关书籍中将火炮效能定义为：火炮在规定条件下摧毁敌方目标的能力。

效果和效能是有区别的，装备效能有规定条件和规定功能限制，大口径舰炮的任务是打击海上、岸上目标，完成规定的任务必须在规定的海上环境、人员人力、工作方式等条件下使用，才能发挥它的效能。末端防御舰炮的功能任务是近程防御，同样末端防御舰炮的作战使用要求有其规定的条件，如必须在有效射击区域内射击才能达到拦截导弹的目的，开火距离过远就达不到规定的命中概率，不能发挥舰炮的作战效能。

舰炮效能可分为指标效能、系统效能和作战效能三类。

舰炮的指标效能是对舰炮初速、射程、射速、密集度、反应时间等战术技术指标而言，主要是对传统指标的评价，反映的是舰炮的基本信息和基本能力，是某一指标或某些指标，这些信息表述的是舰炮本身的战术技术特性，是固有能力的体现。

舰炮的系统效能是指在规定的条件下达到一组使用目标的能力。表述舰炮在规定的任务剖面下完成规定功能的能力。系统效能不仅与指标效能有关，同时与使用性能(可靠性、维修性等保障设计特性和保障资源、保障能力)有关，是对舰炮全系统能力的综合评价。系统效能一般用可用性、可信性和固有能力综合表述。

舰炮的作战使用效能是指舰炮在作战系统中执行任务达到预期使用目标的能力。是实际使用环境中体现的能力，它与作战系统、战术运用等各要素有关。在实际使用环境中的作战效能验证组织实施难度大，真实使用环境难以实现，因此一般采用模拟对抗仿真、演练等方式进行计算。

二、效能的度量方法

舰炮的发展经历了手动、半自动、自动的发展过程，20 世纪 70 年以前的舰炮没有电气控制系统，更谈不上配置跟踪器和火控设备，就当时舰炮而言，提出舰炮效能时应包含指标效能(固有能力)、系统效能和作战效能。新型舰炮多为全自动舰炮，不构成系统就无法形成作战能力，因此，舰炮一般规定指标效能和与舰炮可靠性、维修性、测试性等保障性有关的系统效能。

舰炮指标效能度量用射速、初速、射程，射高，精度(密集度)等，体现了舰炮的固有能力，舰炮的系统效能度量用射击可靠性、平均故障间隔时间、平均修复时间等与保障性相关的指标。

从舰炮效能度量参数可以看出，这些参数分为概率、期望、均方差三类。

新型舰炮只有构成武器系统才能形成作战能力，必须有跟踪器和火控才能完成武器系统规定的使命任务，所以舰炮武器系统效能包含指标效能、系统效能和作战效能三个方面。舰炮武器系统效能除用各单机及系统的指标效能和系统效能表示，还用命中概率、毁伤概率表述舰炮武器系统的作战效能。作战效能与使用环境、目标特性、系统固有能力及保障条件都是密不可分的。

三、舰炮效能分析评估

在舰炮方案设计阶段，舰炮效能分析评估的目的是寻求新型研制舰炮获得规定效能或使效能水平得到改进的备选方案或条件。

在舰炮定型阶段，舰炮效能分析评估的目的是评价所实施的新型舰炮方案或经改进的新型舰炮方案所达到的效能是否满足研制总要求的规定。

1. 设计评估方案

舰炮效能分析评估前应设计评估方案，在方案中明确以下事项：

1) 明确评估对象，界定舰炮组成

分析舰炮结构组成，确定分析评估舰炮的范围，被评估舰炮范围应包括舰炮及其保障系统。不应加入舰炮外的设备，如保障资源以外的测试设备、雷达、火控等设备。

2) 明确舰炮的使命任务

明确舰炮使命任务，确定任务剖面，将舰炮使用规定在研制总要求确定的能力和范围内，在此基础上选择合适的度量参数，表述舰炮达到使用目标的能力。

3) 描述舰炮技术状态

舰炮在服役期内可能处于可使用状态、故障维修状态、预防性维修状态，利用统计方法计算舰炮在在编时间内各种状态在执行任务时所处状态的概率，为确定舰炮可用性向量提供数据。舰炮执行任务时可能的状态很多，为减少评估工作量、提高评估可信程度考虑，应尽量减少状态数，通常可定义为工作状态和故障状态。

4) 明确规定条件

舰炮效能是指在“规定的条件”下达到规定使用目的的能力，“规定的条件”包括舰炮使用条件和保障条件，使用条件如供电要求、舰艇摇摆条件等，保障条件有执行任务时出现故障是否可维修，可维修时备件满足率、修复率等。明确规定条件是效能分析与评估的前提。

5) 确定效能要素和指标体系

要全面分析影响效能的各类因素，以合理地确定效能的构成要素。为此，可运用层次分析法、灰色评估法、德尔菲法等方法对定性描述的要素量化，并进行统一量纲处理。在此基础上，将各要素按一定的结构层次排列组合，构成一个有机整体，由此确定指标体系。

6) 明确评估方法

舰炮效能分析评估方法有多种，常用的有解析法、统计法、计算机模拟仿真法和多指标综合评价法，评估时根据指标类型选择使用。

2. 舰炮效能分析评估方法

试验鉴定和使用阶段常用统计法对舰炮效能进行评估，这时通过试验和使用已积累了一些数据，具备了进行效能统计分析和评估的基本条件。常用的统计评估方法有抽样调查、参数估计、假设检验、回归分析与相关分析等。

计算机模拟仿真法可用于舰炮研制及使用的各个阶段，适用于不便施加外界应力、对抗、实施的复杂系统的效能分析评估。

多指标综合法应用于单一指标不能描述系统效能的复杂装备。

在此，重点介绍在定型试验阶段的舰炮效能评估方法，在舰炮定型试验中，积累了大量试验数据，常采用统计方法进行舰炮效能分析评估。

舰炮系统效能模型

$$\overline{E}=\overline{A}[D][C] \tag{7-12}$$

式中 $\overline{E}$——舰炮效能；

$\overline{A}$——舰炮可用性度量，可用性行向量；

$[D]$——舰炮可信性度量，可信性矩阵；

$[C]$——舰炮固有能力度量，固有能力矩阵(能力列向量)。

$\overline{A}$、$[D]$、$[C]$通常用三个概率表示，$\overline{A}$是舰炮在执行任务时所处状态的概率行向量；$[D]$是以舰炮在前一个时间段处于有效状态为条件，舰炮在一个时间段上的条件概率；$[C]$是在已知舰炮任务和状态时，代表舰炮性能范围的概率矩阵。

上式可写为

$$\overline{E}=[e_1,e_2,\cdots,e_n]$$

式中的任一个元素 e_k 可用下式表示：

$$e_k=\sum_{i=1}^{n}\sum_{j=1}^{n}a_i d_{ij} c_{jk} \tag{7-13}$$

式中 e_k——第 k 个效能指标；

a_i——开始执行任务时系统处于 i 状态的概率；

d_{ij}——舰炮在 i 状态开始执行任务，任务过程中处于 j 状态的概率；

c_{jk}——舰炮在任务过程中处于 j 状态中，舰炮的第 k 个效能指标。

固有能力为单一指标时，舰炮可用性度量用可用度表示。

$$E=ADC \tag{7-14}$$

1. 可用性行向量

$$\overline{A}=[a_1,a_2,\cdots,a_n] \tag{7-15}$$

可用性用行向量 $\overline{A}$，舰炮在执行任务时可能存在 n 个状态，但只能处于 n 个可能状态中的一个，a_n 代表舰炮在执行任务时所处第 n 个状态的概率，所有状态的概率之和为 1。

$$\sum_{i=1}^{n}a_i=1 \tag{7-16}$$

一般情况下，假定舰炮在使用时可能处于能工作和不能工作两个状态中的一个，即正常状态和故障状态，所以

$$\overline{A}=[a_1,a_2] \tag{7-17}$$

若知道舰炮射击失效率 λ(或平均故障间隔发数 MRBF)和平均故障修复时间 MTTR，那么，舰炮所处两个状态的概率为

$$a_1=\frac{\text{MRBF}}{\text{MRBF}+\text{MTTR}}=\frac{1/\lambda}{1/\lambda+1/\mu} \tag{7-18}$$

$$a_2=\frac{\text{MTTR}}{\text{MRBF}+\text{MTTR}}=\frac{1/\mu}{1/\lambda+1/\mu} \tag{7-19}$$

从舰炮可用性行向量可以看出，舰炮效能与舰炮可靠性、维修性和保障性密切相关。

2. 舰炮可信性矩阵

可信性矩阵是舰炮在执行任务中各状态的描述，舰炮在执行任务前可能的状态有 n 个，执行任务后(无论完成与否)可能状态同样为 n，所以可信性矩阵是一个 $n\times n$ 的方阵。

$$[D]=\begin{bmatrix} d_{11} & d_{12}\cdots & d_{1n} \\ d_{21} & d_{22}\cdots & d_{2n} \\ & \vdots & \\ d_{n1} & d_{n2}\cdots & d_{nn} \end{bmatrix} \tag{7-20}$$

d_{ij}表示舰炮在i状态开始执行任务，在执行任务中处于j状态的概率。

从d_{ij}的定义可以看出

$$\sum_{j=1}^{n} d_{ij}=1, j=1,2,\cdots,n$$

即方阵中各行的概率值之和为1。

如果在执行任务中不允许修理，或无法修复，执行任务前的状态就无法恢复，假定状态1为正常状态，则矩阵中对角线下方的各值为0，可信性矩阵为三角矩阵。

假定舰炮只有正常和故障两种状态，则可信性矩阵为

$$[D]=\begin{bmatrix} d_{11} & d_{12} \\ d_{21} & d_{22} \end{bmatrix} \tag{7-21}$$

d_{11}表示舰炮从始至终均为正常状态概率；d_{12}表示从正常状态到故障状态的概率；d_{21}表示从故障状态到正常状态的概率；d_{22}表示舰炮从始至终均为故障状态的概率。

如果舰炮在任务中不能修理，且舰炮的寿命服从指数分布，根据指数分布可靠性模型有：

舰炮从始至终均为正常状态概率为$d_{11}=\mathrm{e}^{-\lambda t}$；

任务中出现故障的概率为$d_{12}=1-\mathrm{e}^{-\lambda t}$；

不通过维修舰炮从故障状态到正常状态的概率为$d_{21}=0$；

舰炮执行任务初始为故障状态执行任务后仍为故障状态的概率为$d_{22}=1$。

可信性矩阵可写为

$$[D]=\begin{bmatrix} \mathrm{e}^{-\lambda t} & 1-\mathrm{e}^{-\lambda t} \\ 0 & 1 \end{bmatrix} \tag{7-22}$$

实际上任何一型装备，作为使用方都希望在出现故障时能够修理，通过修理重新投入使用。假设舰炮在作战使用中每次只有一个独立故障，则舰炮可信性矩阵中的元素可分别表示为

$$d_{11}=\frac{\mu}{\lambda+\mu}+\frac{\lambda}{\lambda+\mu}\mathrm{e}^{-(\lambda+\mu)t} \tag{7-23}$$

$$d_{12}=\frac{\lambda}{\lambda+\mu}[1-\mathrm{e}^{-(\lambda+\mu)t}] \tag{7-24}$$

$$d_{21}=\frac{\mu}{\lambda+\mu}[1-\mathrm{e}^{-(\lambda+\mu)t}] \tag{7-25}$$

$$d_{22}=\frac{\lambda}{\lambda+\mu}+\frac{\mu}{\lambda+\mu}\mathrm{e}^{-(\lambda+\mu)t} \tag{7-26}$$

式中λ是舰炮射击失效率，μ是平均修复时间，均是假定服从指数分布的前提下推导出的结论[15]。

上面可信性矩阵中的各元素考虑了舰炮的可靠性和维修性。

3. **舰炮固有能力矩阵**

固有能力矩阵[C]是指在已知舰炮任务和状态时代表舰炮性能范围的概率矩阵，是一个列向量。

$$C=[c_1,c_2,\cdots,c_n]^{\mathrm{T}} \tag{7-27}$$

其中 c_j 表示舰炮在 j 状态下完成规定任务的概率，且

$$\sum_{j=1}^{n} c_j = 1$$

如果舰炮完成任务时的状态只有正常状态和故障，则

$$C=[c_1,c_2]^{\mathrm{T}} \tag{7-28}$$

式中 c_1、c_2 分别为舰炮在正常状态和故障状态下完成规定任务的概率。

担负有对海、对岸打击任务的舰炮完成使命任务，要求舰炮毁伤目标，舰炮必须在有效射程内以一定的精度发射具有足够数量和毁伤能力(口径)的炮弹，命中并击毁目标，因此舰炮固有能力矩阵为性能的综合概率。舰炮性能主要是指射程、精度、毁伤能力、射击失效率等。

舰炮在执行任务过程中射程满足要求的概率 P_s、精度满足要求的概率 P_j、弹药毁伤能力概率 P_h、可靠性 P_R，则正常状态下的固有能力和存在故障时的固有能力分别为

$$c_1 = P_s P_j P_h P_R \tag{7-29}$$

$$c_2 = 1 - c_1 \tag{7-30}$$

4. **舰炮效能评估**

将上面得出的可用性向量、可信性矩阵、固有能力矩阵代入舰炮系统效能模型 $\bar{E}=\bar{A}[D][C]$ 计算效能评估参数。将得到的效能参数与论证要求的效能参数比较，判定是否满足要求。

第四节　舰炮寿命周期费用分析评估

一、寿命周期费用

根据 GJB1364 费用定义为：消耗的资源(人、财、物、时间)，用货币表示。舰炮寿命周期费用(LCC)是指军方为采购、拥有、报废处理所花费的总费用。舰炮寿命周期可划分为以下几个阶段：

1. **舰炮论证阶段**

(1) 舰炮使命任务分析与项目开始阶段；

(2) 舰炮方案探索阶段；

(3) 舰炮总体方案论证和确定阶段等。

2. **舰炮研制阶段**

(1) 舰炮技术方案设计和确定阶段；

(2) 样机试制阶段；

(3) 试验鉴定阶段等。

3. **舰炮批量生产阶段**

(1) 生产设备购置费用；

(2) 生产图纸编制费用；

(3) 生产材料购置费用；

(4) 生产人员费用；

(5) 试验鉴定费用等。

4. **使用和保障阶段**

(1) 人员培训费用；

(2) 维修费用；

(3) 备件费用；

(4) 管理人员费用等。

5. **报废处理阶段**

根据舰炮寿命可将舰炮寿命周期费用分为研制费用、舰炮拥有费用(生产费用)、舰炮保障费用、报废处理费用。

在舰炮各阶段根据需要进行费用分析，在不同阶段进行寿命周期费用分析评估的目的不同。装备论证研制的前期进行寿命周期费用分析是为了比较满足效能要求的多个方案在费用方面的优劣，选择适合国情、军情的理想方案，为决策者提供依据；在方案确定以后，要进行详细的寿命周期费用估算，查找影响舰炮寿命周期费用的关键因素，以便对舰炮的寿命周期费用进行合理地控制，达到合理的费效比。在批生产阶段进行费用分析是为了降低生产成本，在舰炮使用阶段进行费用分析主要是为进一步降低保障费用。实践证明，采购费用低的产品往往使用保障费用会高，在研制阶段合理地投入，提高产品的使用保障性能是降低寿命周期费用的重要因素。

图 7-2 说明了寿命周期费用的一般组成及概略比重。前期研制和采办费用只是一小部分投入，使用和保障费用占有 60%的比重，这种现象称为冰山效应，也就是说在研制阶段的投入只是冰山一角，大量的投入是在后续的使用和保障阶段。

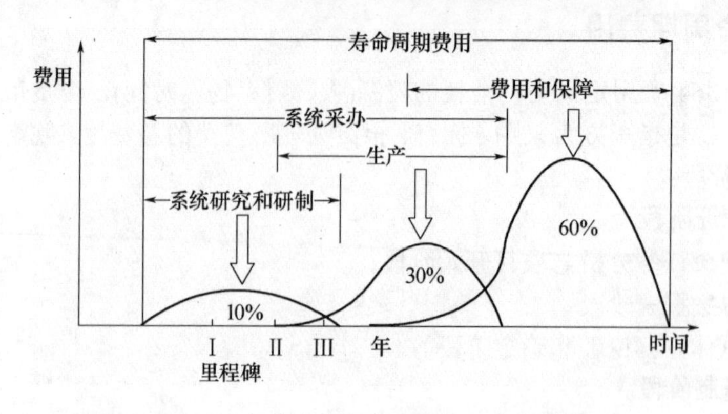

图 7-2 舰炮寿命周期典型费用分布模型

图 7-3 是帕莱托曲线，说明舰炮寿命周期各阶段工作对舰炮全寿命周期费用的影响。

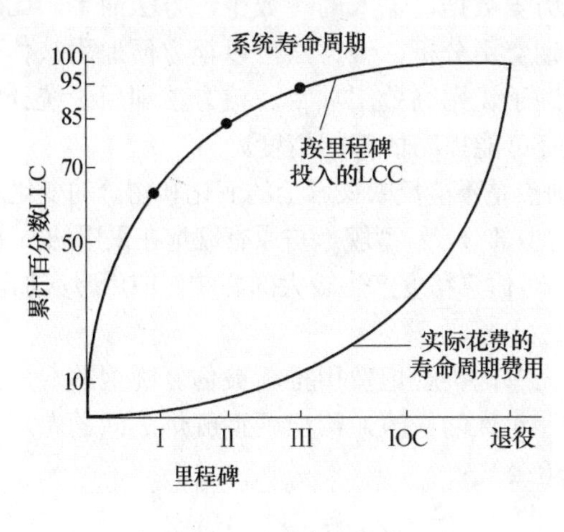

图 7-3　帕莱托曲线

全寿命费用比例的曲线(帕莱托曲线)表明，武器系统方案探索结束时，全寿命费用的70%大体已确定，系统论证结束时已确定的全寿命费用为 85%，研制工作结束时则已规定了全部费用的 90%，这就是说，在设计工作之外来节省费用支出的可能范围是很有限的，控制费用的根本途径在于加强设计工作，以便在满足系统的性能要求下，使生产、使用和维护的支出尽可能少。于是便出现了在限定费用指标下的设计原则，这就是“按费用设计”的计划。

二、费用估算方法

常用的有参数估算法、工程估算法、类推法和专家判断法四种。四种方法适用于不同的研制阶段，专家判断法、类推法和参数估算法最适用于方案论证阶段，这时装备还没有进入工程化，只能进行简单参数的估算。工程估算法适用于装备技术方案设计阶段和试制阶段。

1. 参数估算法

参数估算法又称“自上而下”估算法，它是利用已有舰炮的历史统计数据导出的函数关系式来估算新型舰炮费用的方法。根据现有舰炮口径、射程、精度、重量、可靠性、维修性及电气系统性能或其他重要的设计特性、工作特性和使用特性与费用间关系的统计资料，用回归分析等方法建立起费用因素之间的函数关系，然后将一系列的关系式有机地编排和组合，构成费用分析的实体，通过估算处理即可得出相应的费用。通常假定费用变量与各参数之间具有如下的函数关系：

$$C = b_0 + \sum_{i=1}^{n} b_i f_i(x_{1i}, x_{2i}, \cdots, x_{ri}) \tag{7-31}$$

式中　C——费用变量；

x_{ji}——费用参数($j = 1,\cdots,r$；$i = 1,\cdots,n$)；

f_i——各性能参数 $x_{1i}, x_{2i}, \cdots, x_{ri}$ 的费用函数；

$b_0, b_1, \cdots, b_n$——回归系数。

舰炮的性能参数中的口径、初速、射程、精度、质量、体积等均可与费用相联系，并用其与统计曲线相拟合。

参数估算法要求有历史数据，输入的参数少，方法简单，比较经济，特别适用于系统早期阶段的全寿命周期费用分析，该方法可以很方便地用来估计武器系统性能要求的改变对费用的影响，有助于识别高费用项目。该方法利用了统计回归分析技术，如果在回归分析中增大采样量有可能提高估算的精度。

参数费用估算法的缺点是不能反映技术上的变化和物价的变化对费用的影响。早期舰炮没有电气系统或电气只占少部分，新型舰炮与原有舰炮在采用的技术上存在较大差异，同时由于物价等因素的变化，对估算精度产生较大的影响。应用时应加以修正。

2. 类推法

类推估算法是根据已有同类舰炮费用推断被估算舰炮的费用，根据两型舰炮某些参数间的差异而对费用作针对性的修改，给出两型舰炮之间的费用关系，以此来得到待估舰炮的费用，有如下经验公式：

$$Y_2 = K(X_2 / X_1)^n Y_1 \tag{7-32}$$

式中 Y_2——待估舰炮费用；

Y_1——类似原有舰炮费用；

X_1, X_2——两型舰炮的某一可比参数；

n——根据实际情况而得到的指数；

K——修正系数。

舰炮的寿命周期费用与舰炮的口径有着密切的关联，口径大、质量重、射程远、费用高。类推估算法虽然不十分准确，但使用时不用对舰炮部件进行过分详细的费用估算，这种方法简单，使用方便，适用于舰炮论证、研制阶段。

3. 工程估算法

工程估算法也称为“自下而上”法，是一种最普通且最详细的估算方法，这种方法将全寿命周期费用按完成各阶段任务所要求的各项活动和(或)武器装备的各个组成子系统进行逐层分解，画出费用细目结构图(即费用树形图)，逐个估算单项子系统或活动的费用，将结果累计起来，最后得到总费用估算值。

由于工程估算法需要自下而上地按任务要求、工程进程等逐次进行估算，因而工作繁重，且十分复杂，所以该方法主要用于工业中，估算工程项目或产品的费用，适用于舰炮研制阶段和生产阶段。工程费用估算法的缺点是不能用于估算未考虑到的将要进行的那些工作的费用。

4. 专家判断法

在一型舰炮论证研制的初期，因为这时还没有太多可用数据，所以可采用专家判断法(德尔菲法)，此方法是利用有经验的专家对要研制舰炮的费用进行主观的预测，然后进行归纳、统计和分析得出结论。

设舰炮的费用为C，选定k个专家，各专家主观预测的费用值c_i，专家权重为w_i，费用模型为

$$C = \sum_{i=1}^{k} w_i c_i \tag{7-33}$$

三、各阶段费用估算

舰炮进入定型阶段，研究与研制费用已经产生，不需要进行估算，定型后舰炮要进行批生产及装备部队使用，后续会产生批生产费用和使用保障费用，为确定费用效能比需要进行后续各阶段的费用估算。

1. 生产投资费用估算

常用经验曲线分析法计算生产投资费用，设生产第一座舰炮的费用为 F_1，生产 n 座舰炮的总费用为 C_n，经验曲线斜率为 k，则有

$$C_n = F_1 n^{(1+k)} \tag{7-34}$$

两边取对数，可求得经验曲线斜率

$$k = 1 - \frac{\ln C_n - \ln F_1}{\ln n} \tag{7-35}$$

有了经验曲线斜率 k，就可以估算任意批量的生产费用 C_n。考虑到物价上涨的因素，对生产费用进行必要的修正，设计修正系数为 ρ，则生产费用为

$$C_n = \rho F_1 n^{(1+k)} \tag{7-36}$$

2. 使用与保障费用估算

使用与保障费用是舰炮寿命周期费用的重要组成部分，占有较大的比重，分析评估舰炮使用与保障费用有利于更好地规划保障资源、改进保障系统、降低使用成本。使用与保障费用主要由各类人员费用、舰炮各级维修费用、维护管理费用、维护器材消耗费用等组成。

设舰炮使用保障费用 C_b 由 n 项内容组成，则

$$C_b = \sum_{i=1}^{n} c_{bi} \tag{7-37}$$

c_{bi} 是构成舰炮使用保障费用具体项，如操作人员费用、备品备件等消耗费用等。每项费用都有独立的模型或统计数据，所有各项使用保障费用之和即为一型舰炮的使用保障费用。如操作人员费用为 c_{b1}，则

$$c_{b1} = ncT\rho \tag{7-38}$$

式中 n——舰炮使用编制人员数量；

c——人均年费用；

T——舰炮服役年限；

ρ——物价修正系数。

第五节　舰炮费用—效能分析

在装备规划和研制时我们希望消耗最少的资源，使装备达到和发挥最优的效能，因此，需要进行费用—效能分析。通俗讲，费用一效能分析从经济角度评价所研装备是否物有所值。舰炮费用一效能分析的目的是在满足战术技术要求的若干方案中进行效能费用估算，从费用角度评价各方案的优劣，为决策者进行方案选择提供依据。

费用－效能分析在舰炮论证、研制和采购阶段具要重要意义。通过费用－效能分析不仅能对研制费用适当且满足要求效能的装备具有重要影响，同时能对装备保障性对效能的影响有清楚的认识，通过费用－效能分析为查找保障方案的不足提供重要参考，这项工作对舰炮保障性影响会在装备使用中日见明显。

一、舰炮费用—效能分析的概念

费用—效能是装备使用能力的一种度量，它是寿命周期费用的函数。费用－效能分析是通过确定目标，建立备选方案，从费用和效能两方面综合评价各方案的过程。就舰炮而言，舰炮费用—效能分析是根据舰炮要求达到的效能与其效能相匹配的资源消耗，在满足舰炮战术技术指标要求的各方案间进行比较的过程。

费用与效能相关，同一武器装备可能会有不同的效能描述，使用其发挥不同的效能，需要消耗的资源不同。在研究一型装备前应将其主要效能或将其综合效能作为费用－效能分析的依据。

一型武器装备不同的实现方案发挥同样的效能所消耗的资源不尽相同。进行费用—效能分析的目标是在完成规定的任务的效能水平一定的条件下，把费用消耗降低到最低限度。费用—效能分析的方法是把效能保持在可以接受的最低水平时，使费用达到最小值，或者是把费用保持在可以接受的最高水平时，使效能达到最大值。通过费用—效能分析寻求最优的费用—效能关系，使用费用—效能之比最小化的方案用于装备设计、研制和使用。

在装备论证、研制时应避免两个倾向，一是不研制无用的装备，即不研制不能完成作战使命任务要求的装备，这样的装备消耗的资源虽然少，但仍然是一种对资源浪费，这一点很好理解。另一方面，在装备论证、研制时要根据装备使命任务确定方案，不要无限度地提高装备的效能，装备效能提得过高，有可能作战中用不上，造成资源的浪费，还有可能消耗了很多资源达不到要求的效能。

二、费用—效能分析的作用

费用－效能分析在舰炮论证、研制、使用等全寿命的各阶段起着不同的作用，其主要目的是为研制、使用保障等各种方案选择提供信息。各阶段的作用如下：

1. 论证及方案阶段

(1) 估算效能、寿命周期费用，确定重要费用项目；

(2) 确定和评价舰炮的固有能力、可靠性、维修性、测试性、安全性、保障资源、进度等因素对效能、寿命周期费用的影响；

(3) 进行费用、性能(效能各因素)、进度的权衡和研究；

(4) 分析和评价各备选方案；

(5) 比较和评价参与投标的各研制方案，为评标(选择研制单位)和签订合同提供依据；

(6) 确定项目研制应达到的效能、需支付的费用及主要影响因素。

2. 工程研制阶段

(1) 评价设计方案，选择、优化费用效能最佳设计方案，减少寿命周期费用；

(2) 评价更改设计对费用—效能的影响；

(3) 分析效能及其主要影响因素和研制费用的实现值，以研制费用的实现值和其他已确定的因素为依据重新估算寿命周期费用；

(4) 通过试验和分析，确定和评价研制单位所实现的固有能力、可靠性、维修性、测试性等保障性因素对效能、寿命周期费用等方面的影响，修改和完善保障计划，为设计定型提供依据，同时为是否能够转入生产阶段提供依据；

(5) 评价和比较参与投标的生产方案，为选择生产单位和签订合同提供依据。

3. 生产阶段

(1) 评价变更设计对费用—效能的影响；

(2) 分析效能及其主要影响因素和生产费用的实现值，以生产费用的实现值和其他已确定的因素为依据重新估算寿命周期费用。生产阶段估算寿命周期费用比论证阶段更为精确。

4. 使用阶段

(1) 评价实际使用与保障过程中舰炮所能达到的效能和所支付的费用；

(2) 评价和改进使用保障方案；

(3) 为执行特定任务选择优化的使用保障方案；

(4) 为改型、改装、封存决策及新装备的研制提供信息；

(5) 评价退役时机和延寿方案；

(6) 对装备更新提出建议。

5. 退役阶段

(1) 评价退役处置方案；

(2) 全面收集整理舰炮的费用与效能资料，为以后装备的费用—效能分析提供信息。

三、舰炮费用—效能分析的主要内容

在舰炮试验定型阶段，通过试验和分析，验证舰炮是否满足研制总要求和合同要求，是否满足作战使用要求，确定和评价舰炮的固有能力、可靠性、维修性、测试性、保障资源等保障性因素对效能、寿命周期费用等方面的影响，修改和完善保障方案，为设计定型提供依据，同时为是否能够转入生产阶段提供依据。此时，舰炮技术方案已经确定并根据确定的方案形成了正样机，由于经费的原因能够形成正样机的技术方案只有一个，定型试验除验证舰炮的战术技术性能外，更重要的是通过费用—效能分析，验证和评价保障方案，为改进、完善保障方案提供依据。

在此主要研究试验定型阶段的费用—效能分析，舰炮费用—效能分析的内容主要包括：舰炮使命任务分析、舰炮方案(含保障方案)分析、舰炮费用资源(含保障费用)分析、模型的建立、准则确定、最优方案选择。最终是通过舰炮的费用—效能分析优化舰炮技术方案和使用保障方案。

1. 舰炮使命任务分析

舰炮的使命任务一般可以按大、中、小口径区分，大口径舰炮的任务主要对海、对岸打击，可以发射信息化炮弹；中口径舰炮的任务主要是有效打击海上、岸上目标，具有抗击飞机的防空能力，对低空小目标有一定的拦截能力；小口径速射舰炮的使命任务主要是近程防御，拦截导弹，一般射速的小口径舰炮是主要是打击海上、岸上小型目标，消灭敌有生力量。只有了解各型舰炮的使命任务和所需求的舰炮功能、任务，才能设计出满足要求的舰炮，在进行费用—效能分析时首先要进行舰炮使命任务分析。

2. 舰炮方案分析

舰炮方案分析就是要对舰炮技术方案和保障方案进行分析，查找不足、改进设计。舰炮方案分析要与舰炮的使命任务和功能分析紧密结合，舰炮方案分析要与舰炮的使用保障系统方案分析相结合。舰炮的效能、费用与舰炮的实现方案和使用保障方案都是密不可分的，由于使用保障费用占的比重会非常大，所以定型试验阶段方案分析的主要目的是使用保障方案的分析和优化。

3. 舰炮费用资源分析

舰炮费用分析就是对可能应用于舰炮的各种设计方案和使用保障方案发生的费用进行分析计算。舰炮费用资源分析既要考虑舰炮的论证、研制、采购费用，又要考虑舰炮使用、保障、报废处理的费用，也就是在费用分析时要研究舰炮的寿命周期费用，将舰炮全寿命所需费用和所消耗资源纳入到舰炮费用分析中来，全面分析舰炮费用资源。

对费用的估算要尽可能做到精确，一般要通过灵敏度分析进行检验，减小费用估算的偏差。

4. 模型的建立

费用—效能模型是研究舰炮方案的重要工具，只有建立模型才能较好地分析各种因素对效能费用关系的影响，才能准确分析方案的优劣。

前面章节中介绍了效能和费用模型，所建立的模型是否能真正代表舰炮方案，取决于简化假设的合理性。

5. 准则确定

在费用—效能分析中常用到分析准则有等费用准则、等效能准则、效能费用递增准则。

等费用准则是用相同的费用比较各方案可能达到效能的大小，效能大的为优。

等效能准则是用相同的效能比较各方案可能消耗的资源的大小，消耗小的为优。

效能费用递增准则一般用于费用、效能不能等同的分析比较中，将效能的增加程度与所消耗的资源增加的速率进行分析比较，确定方案的优劣。

四、舰炮费用—效能分析程序

费用—效能分析分为分析准备和分析实施两个大的阶段，费用－效能分析必须具备目标、方案、效能、费用、模型、决策准则等基本要素。其基本程序如图 7-4 所示。

1. 分析准备阶段

1) 收集信息

收集一切与分析有关的信息，特别是现役舰炮的费用效能信息、指令性和指导性文件的要求等。

2) 确定目标

目标是指使用舰炮所要达到的目的。确定费用－效能分析所需要的可接受的目标。这时分析者要正确理解订购方要求和使用装备的目的，正确确定装备使用的范围，不能随意加大装备使用效能，也不能为减少费用而降低符合订购方要求的装备效能。

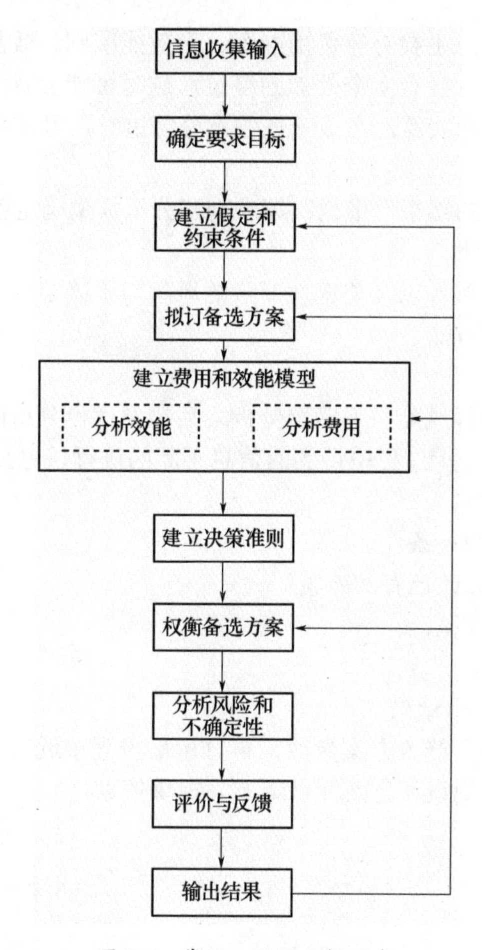

图 7-4 费用—效验分析程序

3) 建立假定和约束条件

为限制分析的范围必须建立假定和约束条件，在分析之前，会有一些未知的条件或数据，对于一些未知的约束条件要通过与其他类似装备的比较，建立假定和约束。

4) 拟订备选方案

提出可行方案，通过初步分析和权衡舍弃明显费用高效能差的方案，确定用于分析评价的备用方案，备选方案在后续的分析过程中可增加和补充。

2. 实施分析阶段

1) 分析效能

根据装备的特点和分析目的，确定效能的度量方式和影响效能的主要因素，建立舰炮效能模型，计算各备选方案的效能。

2) 分析费用

根据装备的特点和分析目的，建立费用分析结构和影响费用计算模型，估算各备选方案的费用。进一步确定影响费用的主要因素和费用灵敏度因子，验证费用估算的精度和正确性。

3) 选择决策准则

选择适用的决策准则，主要有等费用准则、等效能准则、效能费用递增准则。中口径舰炮具有多项使命任务，会有多个效能的度量，这时可能会有多个准则决策问题，这时可用主要的使命任务进行决策，在多项任务不分薄重时，可使用多准则决策方法。

4) 权衡备选方案

根据效能、费用分析的结果，根据决策准则和分析模型确定备选方案的优劣。

5) 分析风险与不确定性

对建立的假定和约束条件以及关键性变量的风险与不确定性进行分析，可分别采用概率分析和灵敏度分析等方法。

6) 评价与反馈

在权衡备选方案及进行风险与不确定分析之后，要评价分析的全部过程和所得到的结果，并利用评价结果和分析过程中得到的信息不断的进行信息反馈，作进一步的分析。反馈信息的结果可能是：

(1) 重新建立假定和约束条件；

(2) 拟定新方案，或修改已有的方案；

(3) 修正效能和费用模型；

(4) 其他。

7) 输出费用—效能分析结果

经过多次评价、反馈、修改方案参数、再分析后得到接近实际使用条件下的费用—效能分析结果，为改进航炮设计方案和保障方案提供依据。

附录一　χ^2分布分位数表

$$\int_{\chi^2_{\nu,p}}^{\infty} \frac{1}{2\Gamma(\nu/2)}(\chi^2/2)^{\nu/2-1}\ \mathrm{e}^{-\chi^2/2}\ \mathrm{d}\chi^2 = p,\ \nu = 2c+2$$

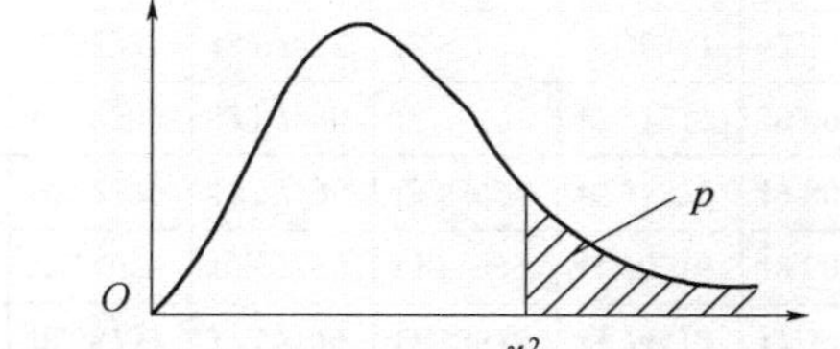

ν \ p	0.95	0.90	0.85	0.80	0.75	0.70	0.60	0.50	0.40	0.35	0.30	0.25	0.20	0.15	0.10	0.05
1	0.10259	0.01579	0.03577	0.06418	0.10153	0.14847	0.27500	0.45494	0.70833	0.87346	1.07419	1.32330	1.64237	2.07225	2.70554	3.84146
2	0.10259	0.2072	0.32504	0.44629	0.57536	0.71335	1.02165	1.38629	1.83258	2.09964	2.40795	2.77259	3.21888	3.99124	4.60517	5.99146
3	0.35185	0.58437	0.79777	1.00517	1.21253	1.42365	1.86917	2.36597	2.94617	3.28311	3.66487	4.10834	4.64163	5.31705	6.25139	7.81473
4	0.71072	1.06362	1.36648	1.64878	1.92256	2,19470	2.75284	3.35669	4.04463	4.43769	4.87843	5.38527	5.98862	6.74488	7.77944	9.48773
5	1.14548	1.61031	1.99382	2.34253	2.67460	2.99991	3.65550	4.35146	5.13187	5.57307	6.06443	6.62568	7.28928	8.11520	9.23636	11.07050
6	1.63538	2.20413	2.66127	3.07009	3.45460	3.82755	4.57015	5.34812	6.21076	6.69476	7.23114	7.84080	8.55806	9.44610	10.64464	12.59159
7	2.16735	2.83311	3.35828	3.82232	4.25485	4.67133	5.49323	6.34581	7.28321	7.80612	8.38343	9.03715	9.80325	10.74790	12.01704	14.06714
8	2.73264	3.48954	4.07820	4.59357	5.07064	5.52742	6.42265	7.34412	8.35053	8.90936	9.52446	10.21885	11.03009	12.02707	13.36157	15.50731
9	3.32511	4.16816	4.81652	5.38005	5.89883	6.39331	7.35703	8.34283	9.41364	10.00600	10.65637	11.38875	12.24215	13.28804	14.68366	16.91898
10	3.94030	4.86518	5.57006	6.17908	6.73720	7.26722	8.29547	9.34182	10.47324	11.09714	11.78072	12.54886	13.44196	14.53394	15.98718	18.30704
11	4.57481	5.57778	6.33643	6.98867	7.58414	8.14787	9.23729	10.34100	11.52983	12.18363	12.89867	13.70069	14.63142	15.76710	17.27501	19.67514
12	5.22603	6.30380	7.11384	7.80733	8.43842	9.03428	10.13197	11.34032	12.58384	13.26610	14.01110	14.84540	15.81199	16.98931	18.54935	21.02607
13	5.89186	7.04150	7.90084	8.63386	9.29907	9.92568	11.12914	12.33976	13.63557	14.34506	15.11872	15.98391	16.98480	18.20198	19.81193	22.36203
14	6.57063	7.78953	8.69630	9.46733	10.16531	10.82148	12.07848	13.33927	14.68529	15.42092	16.22210	17.11693	18.15077	19.40624	21.06414	23.68479
15	7.26094	8.54676	9.49928	10.30696	11.03654	11.72117	13.02975	14.33886	15.73322	16.49401	17.32169	18.24509	19.31066	20.60301	22.30713	24.99579
16	7.96165	9.31224	10.30902	11.15212	11.91222	12.62435	13.98274	15.33850	16.77954	17.56463	18.41789	19.36886	20.46508	21.79306	23.54183	26.29623

(续)

v \ p	0.95	0.90	0.85	0.80	0.75	0.70	0.60	0.50	0.40	0.35	0.30	0.25	0.20	0.15	0.10	0.05
17	8.67176	10.08519	11.12486	12.00227	12.79193	13.53068	14.93727	16.33818	17.82439	18.63299	19.51102	20.48868	21.61456	22.97703	24.76904	27.58711
18	9.39046	10.86494	11.94625	12.85695	13.67529	14.43986	15.89321	17.33790	18.86790	19.69931	20.60135	21.60489	22.75955	24.15547	25.98942	28.86930
19	10.11701	11.65091	12.77272	13.71579	14.56200	15.35166	16.85043	18.33765	19.91020	20.76376	21.68913	22.71781	23.90042	25.32885	27.20357	30.14353
20	10.85081	12.44261	13.60386	14.57844	15.45177	16.26586	17.80883	19.33743	20.95137	21.82648	22.77455	23.82769	25.03751	26.49758	28.41198	31.41043
21	11.59131	13.23960	14.43931	15.44461	16.34438	17.18277	18.76831	20.33723	21.99150	22.88761	23.85779	24.93478	26.17110	27.66201	29.61509	32.67057
22	12.33801	14.04149	15.27875	16.31404	17.23962	18.10072	19.72879	21.33704	23.03066	23.94726	24.93902	26.03927	27.30145	28.82245	30.81328	33.92444
23	13.09051	14.84796	16.12192	17.18651	18.13730	19.02109	20.69020	22.33688	24.06892	25.00554	26.01837	27.14134	28.42879	29.97919	32.00690	35.17246
24	13.84843	15.65868	16.96856	18.06180	19.03725	19.94323	21.65249	23.33673	25.10635	26.06252	27.09596	28.24115	29.55332	31.13246	33.19624	36.41503
25	14.61141	16.47341	17.81845	18.93975	19.93934	20.86703	22.61558	24.33659	26.14298	27.11831	28.17192	29.33885	30.67520	32.28249	34.38159	37.65248
26	15.37916	17.29188	18.67139	19.82019	20.84343	21.79240	23.57943	25.33646	27.17888	28.17296	29.24633	30.43457	31.79461	33.42947	35.56317	38.88514
27	16.15140	18.11390	19.52720	20.70298	21.74940	22.71924	24.54400	26.33634	28.21408	29.22655	30.31929	31.52841	32.91169	34.57358	36.74122	40.11327
28	16.92788	18.93924	20.38573	21.58797	22.65716	23.64746	25.50925	27.33623	29.24862	30.27914	31.39088	32.62049	34.02657	35.71499	37.91592	41.33714
29	17.70837	19.76774	21.24682	22.47505	23.56659	24.57699	26.47513	28.33613	30.28254	31.33077	32.46117	33.71091	35.13936	36.85383	39.08747	42.55697
30	18.49266	20.59923	22.11034	23.36411	24.47761	25.50776	27.44162	29.33603	31.31586	32.38150	33.53023	34.79974	36.25019	37.99025	40.25602	43.77297
31	19.28057	21.43356	22.97617	24.25506	25.39014	26.43971	28.40868	30.33594	32.34863	33.43138	34.59813	35.88708	37.35914	39.12437	41.42174	44.98534
32	20.07191	22.27059	23.84419	25.14779	26.30411	27.37277	29.37629	31.33586	33.38086	34.48044	35.66492	36.97298	38.46631	40.25630	42.58475	46.19426
33	20.86653	23.11020	24.71430	26.04222	27.21944	28.30691	30.34441	32.33578	34.41259	35.52873	36.73065	38.05753	39.57179	41.38614	43.74518	47.39988
34	21.66428	23.95225	25.58641	26.93827	28.13608	29.24205	31.31303	33.33571	35.44383	36.57627	37.79538	39.14078	40.67595	42.51399	44.90316	48.60237
35	22.46502	24.79665	26.46042	27.83587	29.05396	30.17817	32.28212	34.33564	36.47461	37.62312	38.85914	40.22279	41.77796	43.63994	46.05879	49.80185
36	23.26861	25.64330	27.33625	28.73496	29.97304	31.11522	33.25166	35.33557	37.50494	38.66928	39.92198	41.30362	42.87880	44.76407	47.21217	50.99846
37	24.07494	26.49209	28.21382	29.63547	30.89326	32.05345	34.22163	36.33551	38.53485	39.71480	40.98394	42.38331	43.97822	45.88645	48.36341	52.19232
38	24.88390	27.34295	29.09307	30.53734	31.81457	32.99194	35.19201	37.33545	39.56435	40.75969	42.04505	43.46191	45.07628	47.00717	49.51258	53.38354
39	25.69539	28.19579	29.97393	31.44052	32.73693	33.93155	36.16280	38.33540	40.59346	41.80399	43.10535	44.53946	46.17303	48.12628	50.65977	54.57223
40	26.50930	29.05052	30.85623	32.34495	33.66029	34.87194	37.13396	39.33534	41.62219	42.84771	44.16487	45.61601	47.26854	49.24385	51.80506	55.75848

附录二　Γ分布分位数表

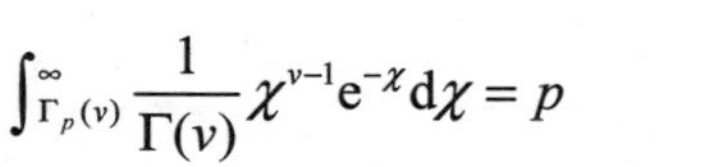

$$\int_{\Gamma_p(v)}^{\infty}\frac{1}{\Gamma(v)}\chi^{v-1}\mathrm{e}^{-\chi}\mathrm{d}\chi = p$$

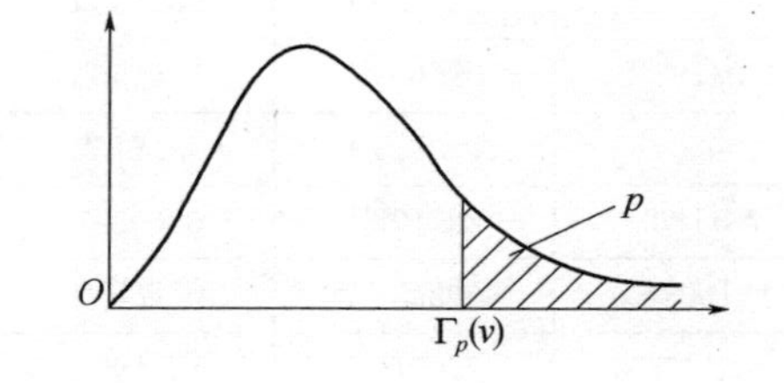

$v=c+1$ \ p	0.1	0.2	0.3	0.4	0.5	0.6	0.7	0.8	0.9
0.1	0.2661546	6.938988E-02	1.742778E-02	3.64451E-03	5.933911E-04	6.368422E-05	3.586086E-06	6.218802E-08	6.073049E-11
0.2	0.6049023	0.2635436	0.1210376	0.0530106	2.074634 E-02	6.719567 E-03	1.587791 E-03	2.088517 E-04	6.525517 E-06
0.3	0.8848108	0.4600739	0.2565649	0.1412525	7.313114 E-02	3.373979 E-02	1.272666 E-02	3.27034 E-03	3.237246 E-04
0.4	1.129843	0.6455710	0.3972572	0.2447523	0.1450781	7.936189 E-02	3.754189 E-02	1.339224 E-02	2.348877 E-03
0.5	1.352772	0.8211872	0.5370971	0.3541631	0.2274682	0.1374979	7.423593 E-02	3.209238 E-02	7.895387 E-03
0.6	1.560503	0.9889918	0.6747479	0.4659092	0.3157020	0.2038226	0.1199888	5.880335 E-02	1.806044 E-02
0.7	1.757128	1.150644	0.8100638	0.5785002	0.4074237	0.2756801	0.1725198	0.0923386	3.314550 E-02
0.8	1.945258	1.307371	0.9432153	0.6912713	0.5013512	0.3514353	0.2301918	0.1315285	5.298182 E-02
0.9	2.126660	1.460076	1.074441	0.8039153	0.5967431	0.4300470	0.2918510	0.1753914	7.719673 E-02
1.0	2.302585	1.609438	1.203973	0.9162908	0.6931472	0.5108256	0.3566719	0.2231435	0.1053605
1.1	2.473953	1.755974	1.332016	1.028337	0.7902753	0.5932975	0.4240656	0.2741676	0.1370546
1.2	2.641460	1.900089	1.458746	1.140034	0.8879362	0.6774264	0.4935782	0.3279759	0.1718984
1.3	2.805648	2.042103	1.584312	1.251383	0.9859991	0.7620662	0.5648746	0.3841805	0.2095562

(续)

$\nu=c+1$ \ p	0.1	0.2	0.3	0.4	0.5	0.6	0.7	0.8	0.9
1.4	2.966944	2.182274	1.708840	1.362394	1.084372	0.8479327	0.6376929	0.4422689	0.2497365
1.5	3.125694	2.320841	1.832435	1.473083	1.182987	0.9345842	0.7118262	0.5025870	0.2921872
1.6	3.282183	2.457898	1.955191	1.583468	1.281796	1.021910	0.7871084	0.5643256	0.3366906
1.7	3.436647	2.593674	2.077183	1.693566	1.380762	1.109822	0.8634046	0.6275107	0.3830583
1.8	3.589282	2.728266	2.198480	1.803395	1.479856	1.198248	0.9406031	0.6919959	0.4311266
1.9	3.740258	2.861780	2.319141	1.912973	1.579057	1.287131	1.018611	0.7576572	0.4807527
2.0	3.889720	2.994308	2.439216	2.022313	1.678347	1.376421	1.097349	0.8243883	0.5318116
2.1	4.037793	3.125931	2.558751	2.131432	1.777712	1.466078	1.176751	0.8920977	0.5841932
2.2	4.184584	3.256717	2.677785	2.240341	1.877141	1.556007	1.256760	0.9607059	0.6378002
2.3	4.330191	3.386728	2.796353	2.349054	1.976625	1.646339	1.337324	1.030143	0.6925461
2.4	4.474698	3.516019	2.914487	2.457581	2.076157	1.736927	1.418402	1.100348	0.7483537
2.5	4.618178	3.644638	3.032215	2.565934	2.175730	1.827750	1.499954	1.171267	0.8051540
2.6	4.760701	3.772629	3.149562	2.674120	2.275339	1.918808	1.581947	1.242852	0.8628847
2.7	4.902325	3.900029	3.266551	2.782151	2.374980	2.010084	1.664351	1.315058	0.9214898
2.8	5.043104	4.026876	3.383203	2.890032	2.474650	2.101563	1.747110	1.387849	0.9809184
2.9	5.183088	4.153200	3.499536	2.997773	2.574344	2.193231	1.830289	1.461188	1.041124
3.0	5.322321	4.279030	3.615568	3.105379	2.674060	2.285077	1.913776	1.535044	1.102065
3.1	5.460842	4.404393	3.731314	3.212857	2.773797	2.377089	1.997582	1.609389	1.163703
3.2	5.598691	4.529312	3.846789	3.320213	2.873551	2.469257	2.081690	1.684196	1.226002
3.3	5.735899	4.653811	3.962007	3.427453	2.973322	2.561574	2.166082	1.759441	1.288930
3.4	5.872499	4.777909	4.076978	3.534582	3.073107	2.654029	2.250746	1.835103	1.352456

(续)

p / $\nu=c+1$	0.1	0.2	0.3	0.4	0.5	0.6	0.7	0.8	0.9
3.5	6.008518	4.901625	4.191715	3.641604	3.172906	2.746617	2.335665	1.911161	1.416554
3.6	6.143985	5.024977	4.306229	3.748524	3.272716	2.839331	2.420829	1.987596	1.481196
3.7	6.278923	5.147980	4.420528	3.855346	3.372538	2.932164	2.506226	2.064392	1.546361
3.8	6.413354	5.270650	4.534623	3.962074	3.472370	3.025110	2.591845	2.141532	1.612025
3.9	6.547301	5.393001	4.648520	4.068712	3.572211	3.118165	2.677676	2.219002	1.678167
4.0	6.680783	5.515046	4.762229	4.175263	3.672061	3.211323	2.763711	2.296787	1.744770
4.1	6.813819	5.636796	4.875757	4.281730	3.771918	3.304580	2.849940	2.374875	1.811813
4.2	6.946425	5.758264	4.989110	4.388116	3.871783	3.397932	2.936356	2.453254	1.879281
4.3	7.078619	5.879459	5.102295	4.494425	3.971655	3.491374	3.022952	2.531912	1.947158
4.4	7.210415	6.000392	5.215319	4.600659	4.071533	3.584904	3.109719	2.610840	2.015429
4.5	7.341828	6.121073	5.328186	4.706820	4.171416	3.678517	3.196653	2.690027	2.084080
4.6	7.472871	6.241509	5.440903	4.812911	4.271306	3.772211	3.283747	2.769463	2.153097
4.7	7.603558	6.361711	5.553474	4.918934	4.371200	3.865983	3.370994	2.849141	2.222468
4.8	7.733898	6.481685	5.665905	5.024892	4.471098	3.959829	3.458391	2.929051	2.292181
4.9	7.863905	6.601438	5.778199	5.130786	4.571002	4.053748	3.545930	3.009187	2.362226
5.0	7.993589	6.720979	5.890361	5.236618	4.670909	4.147736	3.633609	3.089540	2.432591
5.1	8.122961	6.840313	6.002396	5.342391	4.770820	4.241791	3.721422	3.170103	2.503267
5.2	8.252029	6.959447	6.114307	5.448105	4.870735	4.335912	3.869365	3.250871	2.574244
5.3	8.380803	7.078388	6.226099	5.553763	4.970653	4.430095	3.897434	3.331837	2.645513
5.4	8.509293	7.197141	6.337773	5.659367	5.070575	4.524339	3.985625	3.412993	2.717065
5.5	8.637505	7.315710	6.449334	5.764917	5.170499	4.618643	4.073934	3.494337	2.788893

(续)

p / $\nu=c+1$	0.1	0.2	0.3	0.4	0.5	0.6	0.7	0.8	0.9
5.6	8.765448	7.434103	6.560785	5.870415	5.270426	4.713003	4.162358	3.575861	2.860987
5.7	8.893128	7.552322	6.672130	5.975864	5.370357	4.807420	4.250894	3.657560	2.933343
5.8	9.020556	7.670374	6.783370	6.081263	5.470289	4.901890	4.339537	3.739430	3.005951
5.9	9.147736	7.788263	6.894509	6.186614	5.570224	4.996412	4.428287	3.821466	3.078804
6.0	9.274674	7.905993	7.005550	6.291919	5.670161	5.090986	4.517139	3.903664	3.151898
6.1	9.401378	8.023568	7.116495	6.397179	5.770101	5.185609	4.606090	3.986019	3.225225
6.2	9.527853	8.140993	7.227346	6.502394	5.870042	5.280280	4.695138	4.068526	3.298780
6.3	9.654106	8.258270	7.338106	6.607566	5.969986	5.374998	4.784281	4.151184	3.372556
6.4	9.780142	8.375404	7.448777	6.712697	6.069931	5.469762	4.873516	4.233986	3.446549
6.5	9.905965	8.492398	7.559361	6.817785	6.169878	5.564570	4.962841	4.316930	3.520752
6.6	10.03158	8.609257	7.669860	6.922834	6.269827	5.659421	5.052254	4.400013	3.595162
6.7	10.15700	8.725981	7.780277	7.027844	6.369777	5.754315	5.141752	4.483231	3.669773
6.8	10.28221	8.842575	7.890613	7.132816	6.469729	5.849251	5.231333	4.566581	3.744580
6.9	10.40724	8.959043	8.000870	7.237750	6.569682	5.944226	5.320996	4.650060	3.819580
7.0	10.53207	9.075385	8.111050	7.342647	6.669637	6.039241	5.410739	4.733664	3.894767
7.1	10.65672	9.191607	8.221153	7.447509	6.769593	6.134295	5.500559	4.817391	3.970138
7.2	10.78119	9.307709	8.331183	7.552335	6.869551	6.229385	5.590456	4.901239	4.045688
7.3	10.90549	9.423696	8.441142	7.657127	6.969509	6.324513	5.680426	4.985205	4.121414
7.4	11.02961	9.539568	8.551029	7.761886	7.069469	6.419676	5.770470	5.069286	4.197312
7.5	11.15356	9.655329	8.660848	7.866612	7.169430	6.514875	5.860584	5.153480	4.273378
7.6	11.27735	9.770980	8.770598	7.971305	7.269392	6.610107	5.950769	5.237783	4.349609
7.7	11.40098	9.886525	8.880281	8.075967	7.369355	6.705374	6.041021	5.322196	4.426002

(续)

p / $\nu=c+1$	0.1	0.2	0.3	0.4	0.5	0.6	0.7	0.8	0.9
7.8	11.52444	10.00197	8.989900	8.180597	7.469319	6.800674	6.131341	5.406714	4.502554
7.9	11.64776	10.11730	9.099455	8.285198	7.569284	6.896005	6.221726	5.491335	4.579260
8.0	11.77092	10.23254	9.208947	8.389769	7.669250	6.991368	6.312174	5.576058	4.656118
8.1	11.89392	10.34768	9.318378	8.494309	7.769216	7.086762	6.402686	5.660881	4.733126
8.2	12.01679	10.46272	9.427749	8.598823	7.869184	7.182187	6.493259	5.745802	4.810280
8.3	12.13950	10.57767	9.537061	8.703307	7.969152	7.277641	6.583893	5.830819	4.887578
8.4	12.26208	10.69252	9.646315	8.807764	8.069121	7.373124	6.674587	5.915930	4.965016
8.5	12.38452	10.80728	9.755511	8.912193	8.169091	7.468636	6.765338	6.001133	5.041593
8.6	12.50682	10.92195	9.864653	9.016597	8.269062	7.564176	6.856146	6.086427	5.120306
8.7	12.62899	11.03654	9.973739	9.120974	8.369033	7.659743	6.947011	6.171810	5.198152
8.8	12.75102	11.15103	10.08277	9.225325	8.469006	7.755338	7.037931	6.257280	5.276129
8.9	12.87293	11.26544	10.19475	9.329651	8.568978	7.850959	7.128904	6.342836	5.354236
9.0	12.99471	11.37977	10.30068	9.433952	8.668951	7.946606	7.219931	6.428476	5.432468
9.1	13.11637	11.49402	10.40955	9.538229	8.768925	8.042278	7.311010	6.514200	5.510825
9.2	13.23790	11.60818	10.51838	9.642482	8.868899	8.137977	7.402140	6.600005	5.589304
9.3	13.35931	11.72227	10.62716	9.746711	8.968851	8.233699	7.493321	6.685890	5.667903
9.4	13.49060	11.83628	10.73588	9.850917	9.068826	8.329446	7.584551	6.771853	5.746621
9.5	13.60178	11.95021	10.84456	9.955099	9.168826	8.425217	7.675830	6.857895	5.825455
9.6	13.72285	12.06406	10.95320	10.05926	9.268803	8.521010	7.767157	6.944012	5.904403
9.7	13.84379	12.17785	11.06178	10.16340	9.368780	8.616828	7.858531	7.030205	5.983464
9.8	13.96464	12.29155	11.17032	10.26752	9.468758	8.712668	7.949951	7.116471	6.062636
9.9	14.08536	12.40519	11.27882	10.37161	9.568736	8.808531	8.041417	7.202809	6.141917
10.0	14.20599	12.51875	11.38727	10.47568	9.668715	8.904415	8.132928	7.289219	6.221304

附录三 一次抽样检验表

附表 3-1 GJB179－86 规定的样本大小字码

批量范围	特殊检查水平				一般检查水平		
	S−1	S−1	S−1	S−1	I	II	III
2～8	A	A	A	A	A	A	B
9～15	A	A	A	A	A	B	C
16～25	A	A	B	B	B	C	D
26～50	A	B	B	C	C	D	E
51～90	B	B	C	C	C	E	F
91～150	B	B	C	D	D	F	G
151～280	B	C	D	E	E	G	H
281～500	B	C	D	E	F	H	J
501～1200	C	C	E	F	G	J	K
1201～3200	C	D	E	G	H	K	L
3201～10000	C	D	F	G	J	L	M
10001～35000	C	D	F	H	K	M	N
35001～150000	D	E	G	J	L	N	P
150001～500000	D	E	G	J	M	P	Q
500000 以上	D	E	H	K	N	Q	R

附表 3-2　GJB179－86 一次正常检查抽样方案(主表)

样本大小字母	样本大小	可接收质量水平(正常检验)																									
		0.010	0.015	0.025	0.040	0.065	0.10	0.15	0.25	0.40	0.65	1.0	1.5	2.5	4.0	6.5	10	15	25	40	65	100	150	250	400	650	1000
		AcRe	AcRe	AcRe	AcRe	AcRe	AcRe	AcRe	AcRe	AcRe	AcRe	AcRe	AcRe	AcRe	AcRe	AcRe	AcRe	AcRe	AcRe	AcRe	AcRe	AcRe	AcRe	AcRe	AcRe	AcRe	AcRe
A	2	▼	▼	▼	▼	▼	▼	▼	▼	▼	▼	▼	▼	▼	▼	0 1	▼	▼	1 2	2 3	3 4	5 6	7 8	10 11	14 15	21 22	30 31
B	3													▼	0 1	▲	▼	1 2	2 3	3 4	5 6	7 8	10 11	14 15	21 22	30 31	44 45
C	5												▼	0 1	▲	▼	1 2	2 3	3 4	5 6	7 8	10 11	14 15	21 22	30 31	44 45	▲
D	8											▼	0 1	▲	▼	1 2	2 3	3 4	5 6	7 8	10 11	14 15	21 22	30 31	44 45	▲	
E	13										▼	0 1	▲	▼	1 2	2 3	3 4	5 6	7 8	10 11	14 15	21 22	30 31	44 45	▲		
F	20									▼	0 1	▲	▼	1 2	2 3	3 4	5 6	7 8	10 11	14 15	21 22	▲	▲	▲			
G	32								▼	0 1	▲	▼	1 2	2 3	3 4	5 6	7 8	10 11	14 15	21 22	▲						
H	50							▼	0 1	▲	▼	1 2	2 3	3 4	5 6	7 8	10 11	14 15	21 22	▲							
J	80						▼	0 1	▲	▼	1 2	2 3	3 4	5 6	7 8	10 11	14 15	21 22	▲								
K	125					▼	0 1	▲	▼	1 2	2 3	3 4	5 6	7 8	10 11	14 15	21 22	▲									
L	200				▼	0 1	▲	▼	1 2	2 3	3 4	5 6	7 8	10 11	14 15	21 22	▲										
M	315			▼	0 1	▲	▼	1 2	2 3	3 4	5 6	7 8	10 11	14 15	21 22	▲											
N	500		▼	0 1	▲	▼	1 2	2 3	3 4	5 6	7 8	10 11	14 15	21 22	▲												
P	800	▼	0 1	▲	▼	1 2	2 3	3 4	5 6	7 8	10 11	14 15	21 22	▲													
Q	1250	0 1	▲	▼	1 2	2 3	3 4	5 6	7 8	10 11	14 15	21 22	▲	▲													
R	2000	▲	▲	1 2	2 3	3 4	5 6	7 8	10 11	14 15	21 22	▲	▲	▲	▲	▲	▲	▲	▲	▲	▲	▲	▲	▲	▲	▲	▲

▼：用箭头下面的第一个抽样方案，如果样本大于等于或超过批量，则进行百分之百检查

▲：用箭头上面的第一个抽样方案。Ac：接收判定数，Re：拒收总判定数

附表 3-3 GJB179 一次加严检查抽样方案(主表)

样本大小字母	样本大小	可接收质量水平(加严检验)																									
		0.010	0.015	0.025	0.040	0.065	0.10	0.15	0.25	0.40	0.65	1.0	1.5	2.5	4.0	6.5	10	15	25	40	65	100	150	250	400	650	1000
		AcRe	AcRe	AcRe	AcRe	AcRe	AcRe	AcRe	AcRe	AcRe	AcRe	AcRe	AcRe	AcRe	AcRe	AcRe	AcRe	AcRe	AcRe	AcRe	AcRe	AcRe	AcRe	AcRe	AcRe	AcRe	AcRe
A	2	▼	▼	▼	▼	▼	▼	▼	▼	▼	▼	▼	▼	▼	▼	▼	▼	▼	▼	1 2	2 3	3 4	5 6	8 9	12 13	18 19	27 28
B	3															0 1	▼	▼	1 2	2 3	3 4	5 6	8 9	12 13	18 19	27 28	41 42
C	5													▼	0 1	▼	▼	1 2	2 3	3 4	5 6	8 9	12 13	18 19	27 28	41 42	▲
D	8												▼	0 1	▼	▼	1 2	2 3	3 4	5 6	8 9	12 13	18 19	27 28	41 42	▲	
E	13											▼	0 1	▼	▼	1 2	2 3	34	5 6	8 9	12 13	18 19	27 28	41 42	▲		
F	20										▼	0 1	▼	▼	1 2	2 3	3 4	5 6	8 9	12 13	18 19	▲	▲	▲			
G	32									▼	0 1	▼	▼	1 2	2 3	3 4	5 6	8 9	12 13	18 19	▲						
H	50								▼	0 1	▼	▼	1 2	2 3	3 4	5 6	8 9	12 13	18 19	▲							
J	80							▼	0 1	▼	▼	1 2	2 3	3 4	5 6	8 9	12 13	18 19	▲								
K	125						▼	0 1	▼	▼	1 2	2 3	3 4	5 6	8 9	12 13	18 19	▲									
L	200					▼	0 1	▼	▼	1 2	2 3	3 4	5 6	8 9	12 13	18 19	▲										
M	315				▼	0 1	▼	▼	1 2	2 3	3 4	5 6	8 9	12 13	18 19	▲											
N	500			▼	0 1	▼	▼	1 2	2 3	3 4	5 6	8 9	12 13	18 19	▲												
P	800		▼	0 1	▼	▼	1 2	2 3	3 4	5 6	8 9	12 13	18 19	▲													
Q	1250	▼	0 1	▼	▼	1 2	2 3	3 4	5 6	8 9	12 13	18 19	▲														
R	2000	0 1	▲	▼	1 2	2 3	3 4	5 6	8 9	12 13	18 19	▲		▲													
S	3150			1 2									▲	▲	▲	▲	▲	▲	▲	▲	▲	▲	▲	▲	▲	▲	▲

▼：用箭头下面的第一个抽样方案，如果样本大于等于或超过批量，则进行百分之百检查

▲：用箭头上面的第一个抽样方案。Ac：接收判定数，Re：拒收总判定数

附录四　测试性试验数据用表

附表 4-1　最小样本量数据表

最低可接收值 q_1	置信水平 C								
	0.50	0.60	0.70	0.75	0.80	0.85	0.90	0.95	0.99
0.50	1	2	2	2	3	3	4	5	7
0.55	2	2	2	3	3	4	4	5	8
0.60	2	2	3	3	4	4	5	6	9
0.65	2	3	3	4	4	5	6	7	11
0.70	2	3	4	4	5	6	7	9	13
0.75	3	4	5	5	6	7	8	11	16
0.80	4	5	6	7	8	9	11	14	21
0.81	4	5	6	7	8	9	11	15	22
0.82	4	5	7	7	9	10	12	16	24
0.83	4	5	7	8	9	11	13	17	25
0.84	4	6	7	8	10	11	14	18	27
0.85	5	6	8	9	10	12	15	19	29
0.86	5	7	8	10	11	13	16	20	31
0.87	5	7	9	10	12	14	17	22	34
0.88	6	8	10	11	13	15	18	24	36
0.89	6	8	11	12	14	17	20	26	40
0.90	7	9	12	14	16	18	22	29	44
0.91	8	10	13	15	18	21	25	32	49
0.92	9	11	15	17	21	23	28	36	56
0.93	10	13	17	20	23	27	32	42	64
0.94	12	15	20	23	27	31	38	49	75
0.95	14	18	24	28	32	37	45	59	90
0.96	17	23	30	34	40	47	57	74	113
0.97	23	31	40	46	53	63	76	99	152
0.98	35	46	60	67	80	94	114	149	228
0.99	69	95	120	138	161	189	230	299	459

注意：(1) 此表用于依据最低可接收值和置信水平要求，确定所需最小样本量。

(2) 表中的数据是依据式(4-2)求出的，其中 q_1 是最低可接收值，C 是置信水平；表中的数据是所需最小样本量 n。如样本量再少，即使全部检测成功也达不到要求的最低可接收值。

(3) 查表示例。例如，要求的故障检测率 $q_1=0.85$、$C=0.90$。查附表 4-1 可知所需最小样本量 $n=15$。

附表 4-2　单侧置信下限估计数据表

(置信水平 $C = 80\%$，n—样本数，F—失败次数)

n/F	0	1	2	3	4	5	6	7	8	9	10
22	0.929	0.870	0.815	0.763	0.713	0.664	0.617	0.570	0.524	0.479	0.434
23	0.932	0.875	0.823	0.773	0.725	0.678	0.632	0.587	0.543	0.499	0.456
24	0.935	0.880	0.830	0.782	0.736	0.691	0.646	0.603	0.560	0.518	0.477
25	0.938	0.855	0.837	0.790	0.746	0.702	0.660	0.618	0.576	0.536	0.496
26	0.940	0.889	0.843	0.798	0.755	0.713	0.672	0.631	0.592	0.552	0.514
27	0.942	0.893	0.848	0.805	0.764	0.723	0.683	0.644	0.606	0.568	0.530
28	0.944	0.897	0.853	0.812	0.772	0.732	0.694	0.656	0.619	0.582	0.546
29	0.946	0.900	0.858	0.818	0.779	0.741	0.704	0.667	0.631	0.595	0.560
30	0.948	0.903	0.863	0.824	0.786	0.749	0.713	0.678	0.643	0.608	0.574
31	0.949	0.906	0.867	0.829	0.793	0.757	0.722	0.687	0.653	0.620	0.587
32	0.951	0.909	0.871	0.834	0.799	0.764	0.730	0.697	0.664	0.631	0.599
33	0.952	0.912	0.875	0.839	0.805	0.771	0.738	0.705	0.673	0.641	0.610
34	0.954	0.914	0.878	0.844	0.810	0.777	0.745	0.714	0.682	0.651	0.621
35	0.955	0.917	0.882	0.848	0.815	0.784	0.752	0.721	0.691	0.661	0.631
36	0.956	0.919	0.885	0.852	0.820	0.789	0.759	0.729	0.699	0.670	0.641
37	0.957	0.921	0.888	0.856	0.825	0.795	0.765	0.736	0.707	0.678	0.650
38	0.959	0.923	0.891	0.860	0.829	0.800	0.771	0.742	0.714	0.686	0.659
39	0.960	0.925	0.893	0.863	0.834	0.805	0.777	0.749	0.721	0.694	0.667
40	0.961	0.927	0.896	0.866	0.838	0.810	0.782	0.755	0.728	0.701	0.675
41	0.962	0.929	0.899	0.870	0.841	0.814	0.787	0.760	0.734	0.708	0.682
42	0.962	0.930	0.901	0.873	0.845	0.818	0.792	0.766	0.740	0.715	0.689
43	0.963	0.932	0.903	0.875	0.849	0.822	0.797	0.771	0.746	0.721	0.696
44	0.964	0.933	0.905	0.878	0.852	0.826	0.801	0.776	0.751	0.727	0.703
45	0.965	0.935	0.907	0.881	0.855	0.830	0.805	0.781	0.757	0.733	0.709
46	0.966	0.936	0.909	0.883	0.858	0.834	0.809	0.785	0.762	0.738	0.715
47	0.966	0.938	0.911	0.886	0.861	0.837	0.813	0.790	0.767	0.744	0.721
48	0.967	0.939	0.913	0.888	0.864	0.840	0.817	0.794	0.771	0.749	0.727
49	0.968	0.940	0.915	0.890	0.867	0.843	0.821	0.798	0.776	0.754	0.732
50	0.968	0.941	0.916	0.892	0.869	0.846	0.824	0.802	0.780	0.759	0.737
51	0.969	0.942	0.918	0.895	0.872	0.849	0.827	0.806	0.784	0.763	0.742
52	0.970	0.944	0.920	0.896	0.874	0.852	0.831	0.809	0.788	0.768	0.747
53	0.970	0.945	0.921	0.898	0.876	0.855	0.834	0.813	0.792	0.772	0.751
54	0.971	0.946	0.922	0.900	0.879	0.858	0.837	0.816	0.796	0.776	0.756
55	0.971	0.947	0.924	0.902	0.881	0.860	0.840	0.819	0.800	0.780	0.760

(续)

n/F	0	1	2	3	4	5	6	7	8	9	10
56	0.972	0.947	0.925	0.904	0.883	0.862	0.842	0.823	0.803	0.784	0.764
57	0.972	0.948	0.926	0.905	0.885	0.865	0.845	0.826	0.806	0.787	0.768
58	0.973	0.949	0.928	0.907	0.887	0.867	0.848	0.829	0.810	0.791	0.772
59	0.973	0.950	0.929	0.909	0.889	0.869	0.850	0.831	0.813	0.794	0.776
60	0.974	0.951	0.930	0.910	0.891	0.871	0.853	0.834	0.816	0.798	0.780
61	0.974	0.952	0.931	0.911	0.892	0.873	0.855	0.837	0.819	0.801	0.783
62	0.974	0.952	0.932	0.913	0.894	0.875	0.857	0.839	0.822	0.804	0.786
63	0.975	0.953	0.933	0.914	0.896	0.877	0.859	0.842	0.824	0.807	0.790
64	0.975	0.954	0.934	0.916	0.897	0.879	0.862	0.844	0.827	0.810	0.793
65	0.976	0.955	0.935	0.917	0.899	0.881	0.864	0.847	0.830	0.813	0.796
66	0.976	0.955	0.936	0.918	0.900	0.883	0.866	0.849	0.832	0.815	0.799
67	0.976	0.956	0.937	0.919	0.902	0.885	0.868	0.851	0.834	0.818	0.802
68	0.977	0.957	0.938	0.920	0.903	0.886	0.870	0.853	0.837	0.821	0.805
69	0.977	0.957	0.939	0.922	0.905	0.888	0.871	0.855	0.839	0.823	0.807
70	0.977	0.958	0.940	0.923	0.906	0.889	0.873	0.857	0.841	0.826	0.810
71	0.978	0.958	0.941	0.924	0.907	0.891	0.875	0.859	0.844	0.828	0.813
72	0.978	0.959	0.942	0.925	0.908	0.892	0.877	0.861	0.846	0.830	0.815
73	0.978	0.960	0.942	0.926	0.910	0.894	0.878	0.863	0.848	0.833	0.818
74	0.978	0.960	0.943	0.927	0.911	0.895	0.880	0.865	0.850	0.835	0.820
75	0.979	0.961	0.944	0.928	0.912	0.897	0.881	0.867	0.852	0.837	0.822

注意：(1) 该数据表用于根据试验数据，以二项式分布模型估计 FDR、FIR 的单侧置信下限量值。

(2) 表中的数据是根据式(4-4)求出的单侧置信下限值，置信水平为 80%。表的第 1 列是故障样本数(n)，第 1 行是检测或隔离失败次数(F)。

(3) 查表示例。如试验的故障样本是 n=40，BIT 检测的失败次数是 F=2。则查此表可知：BIT 的检测检测率是 0.896(89.6%)，为单侧置下限值，置信水平为 80%。

(4) 更多数据详见 GB 4087.3—85。

附表 4-3 依据 β 和最低可接受值确定测试性验证试验方案表

最低可接收值 q_1	β =20%时接收判定数 c															
	0	1	2	3	4	5	6	7	8	9	10	11	12	13	14	15
	样本量 n															
0.60	4	7	10	13	16	19	22	24	27	30	33	35	38	41	44	46
0.61	4	7	10	13	16	19	22	25	28	31	34	36	39	42	45	47
0.62	4	7	11	14	17	20	23	26	29	32	34	37	40	43	46	49
0.63	4	8	11	14	17	20	23	26	29	32	35	38	41	44	47	50

(续)

最低可接收值 q_1	β=20%时接收判定数 c															
	0	1	2	3	4	5	6	7	8	9	10	11	12	13	14	15
	样本量 n															
0.64	4	8	11	14	18	21	24	27	30	33	36	39	43	46	49	52
0.65	4	8	12	15	18	22	25	28	31	34	38	41	44	47	50	53
0.66	4	8	12	15	19	22	26	29	32	35	39	42	45	48	52	55
0.67	5	9	12	16	19	23	26	30	33	37	40	43	47	50	53	56
0.68	5	9	13	16	20	24	27	31	34	38	41	45	48	52	55	58
0.69	5	9	13	17	21	24	28	32	35	39	43	46	50	53	57	60
0.70	5	9	14	18	21	25	29	33	37	40	44	48	51	55	59	62
0.71	5	10	14	18	22	26	30	34	38	42	46	49	53	57	61	65
0.72	5	10	15	19	23	27	31	35	39	43	47	51	55	59	63	67
0.73	6	11	15	20	24	28	32	37	41	45	49	53	57	61	65	69
0.74	6	11	16	20	25	29	34	38	42	47	51	55	60	64	68	72
0.75	6	11	16	21	26	31	35	40	44	49	53	58	62	66	71	75
0.76	6	12	17	22	27	32	37	41	46	51	55	60	65	69	74	78
0.77	7	12	18	23	28	33	38	43	48	53	58	63	68	72	77	82
0.78	7	13	19	24	30	35	40	45	50	56	61	66	71	76	81	86
0.79	7	14	20	25	31	37	42	48	53	58	64	69	74	79	85	90
0.80	8	14	21	27	33	39	44	50	56	61	67	72	78	83	89	94
0.81	8	15	22	28	34	41	47	53	59	65	70	76	82	88	94	100
0.82	9	16	23	30	36	43	49	56	62	68	74	81	87	93	99	105
0.83	9	17	24	32	39	46	52	59	66	72	79	85	92	98	105	111
0.84	10	18	26	34	41	48	56	63	70	77	84	91	98	105	112	119
0.85	10	19	28	36	44	52	59	67	75	82	90	97	104	112	119	127
0.86	11	21	30	39	47	55	64	72	80	88	96	104	112	120	128	136
0.87	12	23	32	42	51	60	69	78	86	95	104	112	121	129	138	146
0.88	13	24	35	45	55	65	75	84	94	103	112	122	131	140	149	159
0.89	14	27	38	49	60	71	81	92	102	113	123	133	143	153	163	173
0.90	16	29	42	54	66	78	90	101	113	124	135	146	157	169	180	191
0.91	18	33	47	60	74	87	100	113	125	138	150	163	175	187	200	212
0.92	20	37	53	68	83	98	112	127	141	155	169	183	197	211	225	239
0.93	23	42	60	78	95	112	129	145	161	178	194	210	226	242	257	273
0.84	27	49	71	91	111	131	150	169	188	207	226	245	263	282	300	319
0.95	32	59	85	110	134	157	180	204	226	249	272	294	316	339	361	383
0.96	40	74	106	137	167	197	226	255	283	312	340	368	396	424	452	479
0.97	53	99	142	183	223	263	301	340	378	416	454	491	528	566	603	639
0.98	80	149	213	275	335	394	453	511	568	625	681	737	793	849	905	960
0.99	161	299	427	551	671	790	906	—	—	—	—	—	—	—	—	—

注意：β=20%，q_1—最低可接收值，n—样本量，c—合格判定数(允许失败数)

(1) 该数据表用于根据要求的最低可接受值(单侧置信下限) q_1 和订购方风险 β，确定验证试验方案。

(2) 表中的数据是根据式(4-7)求出的，对应订购方风险 β=0.2。该表的第 1 列是最低可接收值 q_1，第 1 行是合格判定数(允许失败次数) c，表中的数据是试验样本数 n。

(3) 查表示例。例如，当要求 FDR 的最低可接收值是 0.90 和 β=0.2 时，查此数据表可知，对应 q_1 =0.90 的一行即是可用的一组验证方案(n , c): (0,16), (1, 29), (2,, 42), …，再考虑最小样本的限制(如不小于 30 个)，可确定 n =42、c=2 试验方案。

附表 4-4 根据检验上下限和双方风险率确定的试验方案

q_0	d	$\alpha=\beta$=0.05		$\alpha=\beta$=0.1		$\alpha=\beta$=0.2		$\alpha=\beta$=0.3	
		n	c	n	c	n	c	n	c
0.995	1.5	10647	65	6581	40	2857	17	1081	6
	1.75	5168	34	3218	21	1429	9	544	3
	2	3137	22	1893	13	906	6	361	2
	3	1044	9	617	5	285	2	162	1
0.990	1.5	5320	65	3215	39	1428	17	540	6
	1.75	2581	34	1607	21	714	9	272	3
	2	1567	22	945	13	453	6	180	2
	3	521	9	308	5	142	2	81	1
0.980	1.5	2620	64	1506	39	713	17	270	6
	1.75	1288	34	770	20	356	9	136	3
	2	781	22	471	13	226	6	90	2
	3	259	9	53	5	71	2	40	1
0.970	1.5	1720	63	1044	38	450	16	180	6
	1.75	835	33	512	20	237	9	90	3
	2	519	22	313	13	150	6	60	2
	3	158	8	101	5	47	2	27	1
0.960	1.5	1288	63	782	38	337	16	135	6
	1.75	625	33	383	20	161	8	68	3
	2	374	21	234	13	98	5	45	2
	3	117	8	76	5	35	2	20	1
0.950	1.5	1014	62	610	37	269	16	108	6
	1.75	486	32	306	20	129	8	54	3
	2	298	21	187	13	78	5	36	2
	3	93	8	60	5	28	2	16	1
0.940	1.5	832	61	508	37	224	16	90	6
	1.75	404	32	244	19	107	8	45	3
	2	248	21	155	13	65	5	30	2
	3	77	8	50	5	23	2	13	1

(续)

q_0	d	$\alpha=\beta=0.05$		$\alpha=\beta=0.1$		$\alpha=\beta=0.2$		$\alpha=\beta=0.3$	
		n	c	n	c	n	c	n	c
0.930	1.5	702	60	424	36	192	16	77	6
	1.75	336	31	208	19	92	8	38	3
	2	203	20	125	12	55	5	25	2
	3	66	8	42	5	20	2	11	1
0.920	1.5	613	60	371	36	168	16	67	6
	1.75	294	31	182	19	80	8	34	3
	2	177	20	109	12	48	5	22	2
	3	57	8	37	5	17	2	10	1
0.910	1.5	536	59	329	36	149	16	60	6
	1.75	253	30	154	18	71	8	30	3
	2	157	20	96	12	43	5	20	2
	3	51	8	33	5	15	2	9	1
0.900	1.5	474	58	288	35	134	16	53	6
	1.75	227	30	138	18	64	8	27	3
	2	135	19	86	12	39	5	18	2
	3	41	7	25	4	14	2	8	1
0.850	1.5	294	54	181	33	79	14	3	6
	1.75	141	28	87	17	42	8	18	3
	2	85	18	53	11	21	4	12	2
	3	26	7	16	4	9	2	5	1
0.800	1.5	204	50	127	31	55	13	26	6
	1.75	98	26	61	16	28	7	13	3
	2	60	17	36	10	19	5	9	2
	3	17	6	9	3	4	1	4	1

注：(1) q_0—规定值，α—承制方风险，β—订购方风险，d—鉴别比，n—样本数，c—合格判定数。

(2) 该数据表用于依据故障检测率(或隔离率)要求值、承制方风险和订购方风险，确定验证试验方案。

(3) 表中的数据是根据式(4-8)求出的，其中 q_0 是接收概率为 1-α 时的故障检测率(或隔离率)要求值，α 是承制方风险、β 是订购方风险，鉴别比 $d=(1-q_1)/(1-q_0)$。

(4) 查表示例。例如，故障检测率规定值是 0.95、鉴别比 d =3、$\alpha=\beta$=0.1 时，查此表格，可得验证方案：n =60，c =5，其中 n 是验证试验用样本数，c 是合格判定数。

参 考 文 献

[1] 宋太亮.装备保障性系统工程.北京:国防工业出版社,2008.

[2] 徐宗昌,等.装备保障性工程与管理.北京:国防工业出版社,2010.

[3] 单志伟,等.装备综合保障工程.北京:国防工业出版社,2008.

[4] 石君友,等.测试性设计分析与验证.北京:国防工业出版社,2011.

[5] 赵廷弟,等.安全性设计分析与验证.北京:国防工业出版社,2011.

[6] 宋太亮.装备综合保障实施指南.北京:国防工业出版社,2004.

[7] 武小悦,刘琦.装备试验与评价.北京:国防工业出版社,2008.

[8] 何国伟,等.可靠性试验技术.北京:国防工业出版社,1995.

[9] 甘茂治,等.维修性设计与验证.北京:国防工业出版社,1995.

[10] 秦英孝.可靠性、维修性、保障性概论.北京:国防工业出版社,2002.

[11] 黄士亮,田福庆,等.舰炮试验与鉴定.北京:国防工业出版社,2011.

[12] 于永利,郝建平,等.维修性工程理论与方法.北京:国防工业出版社,2007.

[13] 邱有成,等.可靠性试验技术.北京:国防工业出版社,2003.

[14] 张玉柱,胡自伟,等.维修性验证试验与评定统计原理.北京:国防工业出版社,2006.

[15] 徐培德,谭东风.武器系统分析.长沙:国防科技大学出版社,2001.

[16] 黄守训,等.舰炮武器系统试验与鉴定.北京:国防工业出版社,2005.

参 考 标 准

GJB 368A－92.装备维修性能用大纲［S］.1992.

GJB 450A－2004.装备可靠性工作能用要求［S］.2004.

GJB 451A－2005.可靠性维修性保障性术语［S］.2005.

GJB 2072－94.维修性试验与评定［S］.1994

GJB 3872－99.装备综合保障能用要求［S］.1999.

GJB 899－90.可靠性鉴定和验收试验［S］.1990.

KB 31－95.常规兵器试验方法　军用光学仪器可靠性试验［S］.1995.

GJB 179A－96.计数抽样检查程序及表［S］.1996.

GJB 151A—97.军用设备和分系统电磁发射和敏感度要求［S］.1997.

GJB 150.23－91.军用设备环境试验方法倾斜和摇摆试验［S］.1991.

GJB 900—90.系统安全性通用大纲［S］.1990.

GJB 438A－97.武器系统软件开发文档［S］.1997.

GJB 967－90. 坦克舱室一氧化碳短时间接触限值［S］.1990.

GJB 2A—96.常规兵器发射或爆炸时脉冲噪声对人员听觉器官损伤的安全限值［S］.1990.

GJB 1364－92.装备费用－效能分析［S］.1992.

GJB 1653－93.电子和电气设备、附件及备件包装规范［S］.1993.

GJB 2684－96.备件、附件、成套和机械包装规范［S］.1996.

GJB 1775－93.装备质量可靠性信息分类和编码通用要求［S］.1993.

GJBz 20437－97.装备战场损伤评估与修复手册编写要求［S］.1997.

GJBz 20045-91. 雷达监控分系统性能测试方法 BIT 故障发现率、故障隔离率、虚警率［S］.1991.

GJB 145A－93.防护包装规范［S］.1993.

GJB 2711－96.军用运输包装件试验方法［S］.1996.

GJB 1317－91.编写国防计量检定规程的一般规定［S］.1991.

GB 5085.5－85.成功率的验证试验方案［S］.1985.